本书系云南省地方高校联合专项-面上项目（项目编号：202001BA070001-015）和云南省教育厅科学研究基金重点项目（项目编号：2014Z156）的研究成果

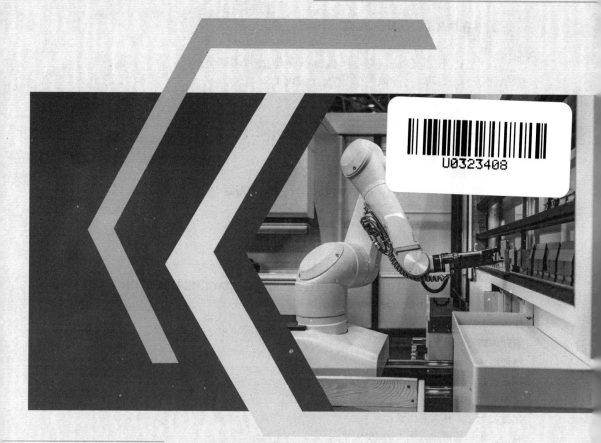

基于AS技术的虚拟实验在机械教学中的应用研究

‖ 郭德伟　著

吉林大学出版社

·长春·

图书在版编目（CIP）数据

基于 AS 技术的虚拟实验在机械教学中的应用研究 /
郭德伟著. -- 长春：吉林大学出版社, 2021.5
　　ISBN 978-7-5692-8316-7

　　Ⅰ. ①基… Ⅱ. ①郭… Ⅲ. ①机械设计－教学研究
Ⅳ. ①TH122

中国版本图书馆 CIP 数据核字(2021)第 092660 号

书　　名　基于 AS 技术的虚拟实验在机械教学中的应用研究
　　　　　JIYU AS JISHU DE XUNI SHIYAN ZAI JIXIE JIAOXUE ZHONG DE
　　　　　YINGYONG YANJIU
作　　者　郭德伟　著
策划编辑　魏丹丹
责任编辑　张文涛
责任校对　单海霞
装帧设计　凯祥文化
出版发行　吉林大学出版社
社　　址　长春市人民大街 4059 号
邮政编码　130021
发行电话　0431-89580028/29/21
网　　址　http://www.jlup.com.cn
电子邮箱　jdcbs@jlu.edu.cn
印　　刷　河北领秀数字印刷有限公司
开　　本　787 毫米×1092 毫米　1/16
印　　张　15.5
字　　数　270 千字
版　　次　2022 年 1 月　第 1 版
印　　次　2022 年 1 月　第 1 次
书　　号　ISBN 978-7-5692-8316-7
定　　价　69.00 元

前　言

　　随着计算机技术和网络技术的发展，实验的方式或表现方法也发生了较大的变化，而虚拟实验就是其中一项。虚拟实验是指借助多媒体、仿真技术和虚拟现实等技术在计算机上营造一个可以辅助或部分替代，甚至全部替代传统实验各操作环节的相关软硬件操作环境，使实验者可以身临其境地完成各种实验项目的一种实验方式。虚拟实验取得的实验效果等价于甚至优于在真实环境中进行实验所取得的效果。虚拟实验建立在虚拟环境之上，注重实验操作的交互性和实验结果的仿真性，其关键在于虚拟与现实相互结合。

　　ActionScript（简称"AS"）技术在世界范围内的产品占有率曾高达97%，尽管该技术所依赖的Adobe Flash Player平台已经停止研发和更新，但是近十多年来，AS技术以其特有的优势仍然在教学虚拟实验研究领域具有较高的占有率。AS技术作为一种脚本开发语言，简单灵活，难度适中，易于教师掌握。基于AS技术开发的各种虚拟实验软件的实用性、交互性及仿真性都很强，且体积小、质量高、运行速度快，很容易置于授课的演示文稿之中或是网络之中，具有较强的可移植性，非常适用于教师平时的教学以及虚拟实验室的构建。此外，AS技术的开发成本较低，对软硬件的要求也不高。

　　基于AS技术的虚拟实验是一种新型的教学手段。相比于实体实验，虚拟实验综合运用了互联网技术、计算机技术以及虚拟现实技术，从而实现了对真实实验环境的模拟，使学生能够在模拟的实验环境中开展实验，进而达到在确保学生自身安全的同时有效培养学生实践能力的目的。通过基于AS技术的虚拟实验，不仅能使课前预习、课堂操作、课后练习与作业以及课下答疑等教学环节在数字化课堂上灵活呈现，而且可以有效地培养学生的动手能力、创新能力和探索新知识的能力，充分体现以学生为中心的实验教学理念。可以说，将基于AS技术的虚拟实验引入机械专业教学，是对实验教学模式的探索和改革，是对机械专业教学的改革，有利于学生更好地掌握机械基础理论知识，具有非常重要的现实意义。

本书由红河学院郭德伟所著。十多年来，笔者一直从事虚拟实验的设计开发和应用研究工作，积累了大量关于虚拟实验在机械教学中实际应用的丰富经验，设计开发的虚拟实验在地方院校的教学中得到了师生们的一致好评，取得了较好的使用和推广效果，并获得了多项成果。

在本书中，笔者对传统机械实验教学中的几个典型实验进行了研究分析，利用Pro/ENGINEER（简称"Pro/E"）、Unigraphics NX（简称"UG"）、AutoCAD等软件建立了部分机构的三维模型，并基于AS技术，利用XML、Web等技术，结合现代教育技术手段，设计开发了一套机械教学虚拟实验系统，包括机构及机构组成认知虚拟实验系统、机构运动简图测绘虚拟实验系统、平面四杆机构运动原理虚拟实验系统、渐开线齿轮范成虚拟实验系统、机械加工误差统计分析虚拟实验系统、金属材料拉压试验虚拟测控平台。此外，笔者对所涉实验的基本原理、开发技术、使用方法、应用优势等进行了认真梳理，并公开了开发的AS源程序代码，能够为从事基于AS技术的虚拟实验设计开发和教学研究等工作的同行提供重要参考。

本书内容的研究、编辑和整理得到了昆明理工大学柯建宏，红河学院李丽、张文斌等教师的大力支持，在此向他们致以衷心的感谢。此外，本书还参考了不少公开发表的论文、标准和书籍等资料，在此也向这些资料的作者表示感谢。由于笔者的知识面、能力水平以及时间有限，本书难免存在错误及疏漏，诚恳地希望各位读者能够给予批评指正，以与笔者共同进步。

郭德伟

2020年12月

目　录

第 1 章　虚拟实验概论

1.1　虚拟实验的概念与研究

实验是人类认识世界、了解世界的一个重要过程，是科学研究的基本方法之一。实验一般是根据一定的目的或要求，应用合适的表现方法，利用一些专门的仪器设备，人为地变革、控制或模拟研究对象，使某些事物（或过程）产生或再现，从而认识自然现象、自然性质、自然规律。[①]自1687年艾萨克·牛顿（Isaac Newton）的《自然哲学之数学原理》发表开始[②]，关于实验思想和方法论的研究一直持续到了今天。机械工业是国家经济建设的支柱型产业之一，随着科技的发展，社会对机械学科和机械类人才的要求也越来越高。对于培养具有良好实践能力、创新能力和综合设计能力的高素质专业人才而言，实验是一个必要的实践教学环节。通过实验，学生能够掌握实验思想和实验方法，从而更好地掌握理论教学中实践性较强的知识点。

随着计算机技术和网络技术的发展，实验的方式和表现方法也发生了较大的变化，虚拟实验就是其中一项。虚拟实验又称"电子实验"，是指借助多媒体、仿真技术和虚拟现实（virtual reality，简称"VR"）等技术在计算机上营造一个可以辅助或部分替代，甚至全部替代传统实验各操作环节的相关软硬件

---

① 百度百科［EB/OL］. http://baike.baidu.com/view/57942.htm.

② 牛顿. 自然哲学之数学原理［M］. 北京：商务印书馆，2006：11.

操作环境，使实验者可以像在真实的环境中一样完成各种实验项目。虚拟实验取得的实验效果等价于甚至优于在真实环境中所取得的效果[①②]。虚拟实验建立在虚拟的实验环境（平台仿真）之上，注重实验操作的交互性和实验结果的仿真性，其关键在于虚拟与现实的相互结合。

国外对虚拟实验的研究已涉及多个学科，相应的虚拟实验系统也得到了成功应用。例如，由美国密歇根大学创建的化学工程虚拟实验室（Virtual Reality in Chemical Engineering Laboratory，简称"VRICHEL"）[③]主要用来研究和开发虚拟现实技术在化学工程领域的应用；由美国约翰斯·霍普金斯大学建立的虚拟实验室可在网络环境下进行工程学科虚拟实验；由美国俄勒冈大学建立的虚拟实验室可做力学、热学或天体物理等多方面的虚拟实验[④]；美国亚利桑那州立大学通过数字信号处理和Java语言技术，结合设计开发的J-DSP仿真系统（Java Digital Signal Processing，简称"J-DSP"），可做模拟数字信号处理的实验[⑤⑥⑦⑧]。目前，美国几乎所有的大学和科研机构都在进行虚拟实验方面的研究。德国波鸿鲁尔大学建设了一个有关控制工程的学习系统，学生在该系统直观的三维实验场景中，可以在各虚拟实验设备上进行仿真实验，从而实现对虚拟实验的交互式操作[⑨]；德国汉诺威大学也建立了虚拟自动化工作平台等。此

① 百度百科［EB/OL］. http://baike.baidu.com/view/1668896.htm.

② 申蔚，曾文琪. 虚拟现实技术［M］. 北京：清华大学出版社，2009：8.

③ Bell John T, Scott Fogler H. Recent Developments in Virtual Reality Based Education［C］. The American Society for Engineering Education Annual Conference Proceedings, 1996.

④ Uoregon［EB/OL］. http://jersey.uoregon.edu/vlab/.

⑤ Andreas Spariias, Fikre Bizuneh. Development of New Functions and Scripting Capabilities in Java-DSP for Easy Creation and Seamless Integration of Animated DSP Simulations in Web Courses［C］. IEEE Internatiol Conference, 2001: 2717-2720.

⑥ Spanias Andreas, Papandreou-Suppappola, Antonia, et al. On-line Signal Processing Using J-DSP［J］. IEEE Signal Processing Letters, 2004, 11(10): 821-825.

⑦ Andreas Spanias. Interactive Online Undergraduate Laboratories Using (J-DSP)［C］. IEEE Transactions on Education, 2005: 735-738.

⑧ Andreas Spanias. The Java-DSP (J-DSP) Project-From the Prototype to the Full Implementation and Dissemination［C］. ASEE Annual Conference and Exposition, 2005: 9123-9134.

⑨ 张已迁，邱晓华，彭月平. 随机共振研究现状及其发展趋势［J］. 电子科技，2014，27（7）：179-181.

外，英国牛津大学建立的化学信息产业中心允许学生通过互联网在虚拟实验室中进行交互式的化学实验[①]；意大利帕多瓦大学建立了远程虚拟教育实验室；新加坡国立大学开发了远程示波器实验和压力容器实验等。

与发达国家相比，虽然我国对于虚拟实验的研究起步较晚，但是随着《国家中长期教育改革和发展规划纲要（2010—2020年）》《教育信息化十年发展规划（2011—2020年）》等文件的发布，我国越来越重视教育信息化，很多企业和高校对虚拟实验的研究建设都得到了快速发展，很多高校也组建了虚拟实验室。例如，清华大学利用虚拟实验仪器构建了汽车发动机检测系统；北京师范大学利用虚拟现实技术开发了友好的用户界面以及实景建模功能，使得构建出的虚拟三维电子线路实验系统具有良好的交互性和沉浸性；浙江大学电气工程学院远程虚拟实验系统利用网络技术，将真实实验设备接入互联网，从而组成了一个完整的远程实验系统，实现了远程实验和实验设备共享；四川联合大学根据虚拟仪器的设计思路研制了航空电台二线综合测试仪，并将八台仪器集成于一体组成了虚拟仪器系统；华中科技大学机械学院工程测试实验室在网上公开展示了其虚拟实验室成果，供远程教育使用；复旦大学、上海交通大学等高校也都相继开发了一批新的用于教学和科研的虚拟实验系统。

1.2 机械教学虚拟实验开发技术

随着《教育信息化"十三五"规划》《教育信息化2.0行动计划》等政策的相继出台和互联网技术的不断创新，网络学习作为现代化学习方式之一迎来了发展机遇。与此同时，一系列国家政策的出台促使虚拟实验成为实验教学的重要发展方向，如2018年发布的《教育部关于开展国家虚拟仿真实验教学项目建设工作的通知》提出要"突出应用驱动、资源共享，将实验教学信息化作为高等教育系统性变革的内生变量，以高质量实验教学助推高等教育教学质量变轨超车"。在此背景下，利用虚拟实验自身的优势构建虚拟实验平台成为推进现代信息技术融入传统实验教学活动、拓展实验教学内容的广度和深度、延伸传

---

① 杨江涛. 虚拟现实技术的国内外研究现状与发展［J］. 信息通信，2015（1）：138.

统实验教学的时间和空间、提升传统实验教学质量和水平的重要举措[①]。为有效构建虚拟实验平台，有必要对虚拟实验开发技术进行分析。

虚拟实验开发技术主要可以分为硬件和软件两个部分。

1.2.1 硬件技术

虚拟实验的硬件技术主要涉及VR设备或个人计算机（personal computer，简称"PC"）。图1-1所示为HTC公司与维尔福（Valve）集团联合开发的一款名为"HTC Vive VR"的VR头显（虚拟现实头戴式显示器）产品，它从最初主要给游戏玩家带来沉浸式的体验，发展到可以在更多领域施展拳脚。例如，HTC Vive VR可以帮助高校和企业制作各种虚拟场景或各零部件，让学习者进入各种虚拟场景了解设备的运作情况，或是进行机电产品零部件的虚拟加工、虚拟焊接、虚拟装配等，实现对学习者的仿真实训。

图1-1　HTC Vive VR设备

1.2.2 软件技术

软件技术主要是指构建虚拟实验平台的技术。目前，我国对以教学为目的的虚拟实验的研究虽然较为广泛，但是开发虚拟实验对于一般的教师而言具有一定的难度。如何使虚拟仪器针对实验者的所有操作进行正确的响应，如何使实验者获得与实际实验完全相同的体验，是构建虚拟实验平台面临的核心问题。为了解决这两个核心问题，必须根据具体的实验内容选择合适的技术[②]。

---

①　张咪. 虚拟仿真实验环境中学习评价指标体系研究 [D]. 无锡：江南大学，2020：1.

②　魏芸. 虚拟实验的分析与研究 [J]. 科技信息，2010（35）：5-6.

随着各种计算机语言、软件等的多元化开发，构建机械教学虚拟实验所采用的软件技术也越来越多元化，可简单分为以下五大类。

1.2.2.1　基于专业虚拟软件的技术

基于专业虚拟软件的技术非常强大，因为软件中不仅有很多模块可以直接解决某个问题，而且给开发人员提供了较为方便的工具包。但是，这些软件往往较为复杂，需要花费大量的时间才能掌握。

由美国国家仪器（National Instruments，简称"NI"）有限公司研制开发的LabVIEW（Laboratory Virtual Instrument Engineering Workbench）是一种图形化的编程语言（又称"G语言"）的开发环境，得到了学术界、工业界和研究机构实验室等的认可，被视为一个标准的数据采集和仪器控制软件。[1]LabVIEW集成了满足通用接口总线（General-Purpose Interface Bus，简称"GPIB"）、VXI、RS-232和RS-485协议的硬件及数据采集卡的全部功能，还内置了便于应用TCP/IP、ActiveX等软件标准的库函数，是一个功能强大且应用灵活的软件。利用LabVIEW，可以方便地建立虚拟仪器，进行虚拟实验的研究与开发，而且其图形化的界面使得编程及使用过程十分生动有趣。马月红为电子信息类专业课程《信号与系统》设计了一个基于LabVIEW的信号与系统虚拟实验平台，与传统实验教学相比，这样的虚拟实验教学更为形象和直观，可以使学生更加深刻地理解和掌握实验知识。[2]周细凤等人根据通信电子线路课程的实验内容，在LabVIEW环境下开发了通信电子线路课程的远程虚拟实验平台，使实验教学不再受时间、地点等因素的限制，使实验的方式更加灵活、方便，使实验条件和效果得到了有效改善。[3]

美国MathWorks公司针对科学计算、可视化以及交互式程序开发了MATLAB。MATLAB是"matrix"和"laboratory"两个词的组合，意为矩阵工厂（矩阵实验室）。MATLAB是一款商业数学软件，它将数值分析、矩阵计

---

① 百度百科［EB/OL］．https://baike.baidu.com/item/LabVIEW/4165214?fr=Aladdin.

② 马月红．基于 LabVIEW 的信号与系统虚拟实验平台的设计［J］．电气电子教学学报，2020，42（6）：145-150.

③ 周细凤，曾荣周，林愿，等．基于 NI Multisim 和 LabVIEW 的通信电子线路课程开放式虚拟实验平台［J］．实验科学与技术，2020，18（5）：135-139.

算、科学数据可视化以及非线性动态系统的建模和仿真等诸多强大功能集成在一个易于使用的视窗环境中，为科学研究、工程设计以及必须进行有效数值计算的众多科学领域提供了一种全面的解决方案，并在很大程度上摆脱了传统的非交互式程序设计语言的编辑模式，被广泛应用于数据分析、无线通信、深度学习、图像处理与计算机视觉、信号处理、量化金融与风险管理、机器人、控制系统等领域。丁爽等人有效地融合了MATLAB、CAD/CAM软件应用技术UG以及仿真软件VERICUT，并设计了五轴数控机床虚拟加工实验，能够让学生深刻理解数控加工的相关知识，激发学生的学习动力，提高数控技术课程的教学质量。[1]何慧等人将MATLAB中的可视化仿真工具Simulink模块和LabVIEW相结合，设计了应用于电力电子技术仿真的虚拟实验平台。该平台同时具备LabVIEW形象的图形显示效果和Simulink强大的数据处理能力，且操作简便、直观可靠，非常有利于学生理解复杂的电路原理。[2]

美国机械动力学公司（Mechanical Dynamics，Inc.）开发的机械系统动力学自动分析软件（Automatic Dynamic Analysis of Mechanical Systems，简称"ADAMS"）是在全球范围内运用最为广泛的机械系统仿真软件，用户可以利用ADAMS在计算机上建立和测试虚拟样机，实现实时在线仿真，从而了解复杂机械系统的运动性能。ADAMS在交互式图形环境中，使用零件库、约束库、力库创建了完全参数化的机械系统几何模型，其求解器采用多刚体系统动力学理论中的拉格朗日方程方法建立了系统动力学方程，对虚拟机械系统进行了静力学、运动学和动力学分析，输出了位移、速度、加速度和反作用力曲线，常用于预测机械系统的性能、运动范围、碰撞检测、峰值载荷以及计算有限元的输入载荷等。很多研究人员都将ADAMS应用到了虚拟实验中，如宋晓琳等人就利用ADAMS建立了1/4汽车麦弗逊悬架模型及主动悬架的液压伺服系统，设计了汽车主动悬架虚拟实验台，对比分析了汽车主动悬架系统在理想控制力和液压伺服作用力作用下采用比例-积分-微分控制器（简称"PID控制

---

① 丁爽，吴伟伟，戴敏，等. 融合现代工具的五轴数控加工虚拟实验教学设计 [J]. 中国教育技术装备，2020（6）：45-48.

② 何慧，田卫华. 基于 LabVIEW 和 Matlab 的电力电子技术虚拟实验平台的设计开发 [J]. 沈阳工程学院学报（自然科学版），2019，14（1）：35-40.

器"）的控制效果，较好地验证了汽车主动悬架虚拟实验台的有效性。[①]谭邹卿等人为了增强教学的直观性和丰富教学内容，将ADAMS应用于理论力学的教学，建立了关于理论力学教程中典型问题的虚拟实验数据库，使枯燥的力学知识变得直观生动，加深了学生对力学知识的理解。[②]

1.2.2.2 基于机械CAD/CAM/CAE软件的技术

机械CAD/CAM/CAE软件包括UG、Pro/E以及3DS Max等。直接采用这些软件开发虚拟实验的情况并不多，因为这对于一般教师来说困难较大，所以教师主要利用这些软件建立实验中所需仪器的虚拟模型。

UG是德国Siemens PLM Software公司出品的一个交互式CAD/CAM软件系统，它功能强大，可以轻松实现各种复杂实体及造型的建构，为用户的产品设计及加工过程提供数字化造型和验证手段。UG被广泛应用于汽车、航空、航天、家电、模具、计算机零部件领域，是现今主流的CAD/CAM/CAE软件之一。在虚拟实验研究过程中，杨伟等人在航空发动机压气机可调静叶调节机构的设计中，在UG环境下进行了三级联调机构三维实体模型的建造，并将数字模型导入ADAMS环境进行了动力学仿真，从而大大丰富了虚拟样机设计手段，提高了设计效率。[③]

Pro/E软件是美国参数技术（PTC）公司出品的CAD/CAM/CAE一体化三维软件，它第一个提出了参数化设计的概念，并采用了单一数据库来解决特征的相关性问题。其基于特征的方式将设计至生产的全过程集成到一起，实现了并行工程设计。Pro/E是最早应用参数化技术的软件，在三维造型软件领域占据重要地位，作为当今世界机械CAD/CAE/CAM领域的新标准得到了业界的认可和推广，也是现今主流的CAD/CAM/CAE软件之一。美国PTC公司在整合资源后，将Pro/E正式更名为"Creo"。童小利等人设计的零件库和机构库并存的

① 宋晓琳，于德介，李碧军. 基于 ADAMS 的汽车主动悬架虚拟实验台的设计 [J]. 中国机械工程，2009（2）：248-251.

② 谭邹卿，蒋学东，何云松，等. ADAMS 仿真技术在理论力学教学中的实践与探索 [J]. 教育现代化，2019，6（96）：195-197，216.

③ 杨伟，罗秋生，张少平，等. 基于 UG 和 ADAMS 的调节机构虚拟样机动力学仿真 [J]. 燃气涡轮试验与研究，2009，22（2）：22-25.

机械创新设计虚拟实验平台就将VC++、Pro/E及其二次开发软件Pro/toolkit相结合，提出了一种着眼于机构（组件）整体结构规划与更新的机构库构建方法。该方法可直接对机构进行参数修改、更新以及运动仿真分析，使得机构参数调整和运动分析变得更加简单。[①]

3DS Max的全称为"3D Studio Max"，是欧特克（Autodesk）公司的子公司Discreet公司开发的基于PC系统的三维动画渲染和制作软件，是针对高级三维建模、动画和渲染的综合解决方案。Discreet公司凭借其优化的制作方法、多系统平台的支持、无缝化硬件嵌入等先进技术，得到了世界顶级游戏开发商和全球高端数码影视制作公司的充分信赖，是全球销量最大的三维设计软件。Baiqing Zhang等人就利用3DS Max构建了液压机仿真教学虚拟实验系统。该系统能够利用经过细化的模型和逼真的三维视图制作真实动作动画，并结合后文介绍的AS技术成为虚拟实验教育互动系统。[②]

1.2.2.3 基于高级编程语言的技术

利用VB、VC++等高级语言开发的虚拟实验一般可以脱离软件母体，具有较强的独立性，但是对于开发人员编程水平的要求较高，一般教师很难运用此技术开发虚拟实验。

吴青凤等人利用VB设计开发了减速器拆装虚拟实验系统，以常用的两级圆柱齿轮减速器虚拟拆装实验为例，介绍了虚拟实验系统在实验教学中的应用，弥补了传统实验教学的不足，提高了实验教学的效率和质量。[③]张敬南等人应用引擎调用技术实现了VC与MATLAB/Simulink的混合编程，构建了电力拖动自动控制虚拟仿真实验系统，通过中断和临时数据文件实现了操作软件与仿真程序的数据传递，弥补了传统实验的不足，调动了学生的学习积极性。[④]萨维迪

---

① 童小利，金秋春. 机械创新设计虚拟实验平台的建立[J]. 中国现代教育装备，2016（13）：12-15.

② Baiqing Zhang, Jiabo He, Zemiao Liang. The R&D for Hydraulic Press Simulation Teaching System[C]. 2011 International Conference on Multimedia Technology, 2011: 888-891.

③ 吴青凤，江帆，李东炜. 基于VB的减速器拆装虚拟实验系统的开发[J]. 实验技术与管理，2014，31（1）：104-106，214.

④ 张敬南，张镣钟. 实验教学中虚拟仿真技术应用的研究[J]. 实验技术与管理，2013，30（12）：101-104.

斯·安东尼（Savidis Anthony）通过对JavaScript、Lua和AS等语言的比较和分析，指出了C++编程技术在虚拟实验中的应用潜力。[1]

1.2.2.4 基于网络引擎的技术

基于网络引擎的技术如基于虚拟现实建模语言（virtual reality modeling language，简称"VRML"）、三维图像标记语言X3D、游戏引擎Unity3D的技术。

VRML是一种用于建立真实世界的场景模型或人们虚构的三维世界的场景建模语言，具有平台无关性。姚家胜等人针对机床导轨直线度测量实验，重点分析了基于VRML的虚拟实验模型建立方法和虚拟装饰方法，实现了机床导轨直线度测量实验过程的动态模拟、交互和仿真，有效地规避了传统实验教学的缺陷，取得了良好的实验效果。[2]

X3D是Web3D联盟专为万维网设计的三维图像标记语言，是VRML的升级版本。X3D基于XML格式开发，因此可以直接使用XML DOM文档树、XML Schema校验等技术和相关的XML编辑工具。陈敏等人利用X3D技术构建了在线机械创新设计虚拟实验，具有较好的交互性和较强的沉浸感。[3]

Unity3D是Unity Technologies公司推出的一个专业游戏引擎，是一个实时3D互动内容创作和运营平台，被广泛应用于游戏开发、美术、建筑、汽车设计、影视等领域，支持手机、平板电脑、PC、游戏主机、增强现实和虚拟现实设备。安军等人将Unity3D作为虚拟仿真系统的开发平台，利用SolidWorks对实验设备进行了三维建模，使用C#脚本语言和UGUI界面设计完成了对整个虚拟系统的设计和搭建，开发出了一个材料力学课程虚拟仿真实验系统。[4]该系统拓展了实验教学内容的广度和深度，延长了实验教学的时间，扩大了实验教学

① Savidis Anthony. Integrated Implementation of Dynamic Untyped Object-based Operator Overloading[J]. Software Practice and Experience, 2011, 41(11): 1155-1184.

② 姚家胜，张永亮，杜宝江. 基于 VRML 的机床导轨直线度测量虚拟实验设计［J］. 农业装备与车辆工程，2018，56（10）：42-45.

③ 陈敏，伍胜男，刘晓秋. 基于 X3D 实现机械创新设计虚拟实验系统的构建［J］. 机械设计，2008（7）：13-16.

④ 安军，曾霞光，范劲松，等. 材料力学课程虚拟仿真实验系统的开发及应用［J］. 装备制造技术，2020（2）：166-169.

的空间，提升了实验教学的质量和水平，降低了实验材料的消耗，并取得了较好的效果。

1.2.2.5 基于轻量脚本语言的技术

基于轻量脚本语言的技术如基于JavaScript（简称"JS"）、AS等脚本语言的技术。

JS是一种具有函数优先的轻量级、解释型、即时编译型编程语言，于1995年由网景（Netscape）公司的布兰登·艾奇（Brendan Eich）在网景导航者浏览器上设计实现。JS基于原型编程和多范式的动态脚本语言，并且支持面向对象、命令式和声明式（如函数式编程）风格。虽然JS是作为开发Web页面的脚本语言而出名的，但是它也被用在了很多非浏览器环境中。项敏敏等人介绍了X3D与JS这两种语言之间字段的访问、交互以及数据的显示和优化处理，并以高等院校直流电机实验教学为例，运用X3D技术开发了直流电机网络虚拟实验，在虚拟的3D环境中模拟了直流电机的实验步骤。[①]

AS在世界范围内的产品占有率曾经高达97%，尽管目前Adobe Flash Player已经停止了对AS的研发和更新，但是近十多年来，AS在教学虚拟实验研究领域仍然以其独特的优势取得了较高的占有率。笔者曾在虚拟实验素材建设的过程中对传统动画和基于AS的动画进行了对比研究，并指出了基于AS的动画模拟方法在机械类教学课件制作中的优越性及教师对其的接受程度。[②]

需要注意的是，虚拟实验的开发建设往往不会单独使用某种技术，而是将多种技术相结合，以取得较好的效果。

[①] 项敏敏，徐武，高飞. 基于 X3D 与 JavaScript 交互技术在网络虚拟实验中的研究［J］. 高等继续教育学报，2013，26（5）：49-52.

[②] 郭德伟，肖天庆. 基于 Flash ActionScript 的机械类教学模拟课件研制［J］. 现代教育技术，2009，19（8）：93-97.

参考文献

［1］百度百科［EB/OL］. http://baike.baidu.com/view/57942.htm.

［2］牛顿. 自然哲学之数学原理［M］. 北京：北京大学出版社，2006.

［3］百度百科［EB/OL］. http://baike.baidu.com/view/1668896.htm.

［4］申蔚，曾文琪. 虚拟现实技术［M］. 北京：清华大学出版社，2009.

［5］Bell John T, Scott Fogler H. Recent Developments in Virtual Reality Based Education［C］. The American Society for Engineering Education Annual Conference Proceedings, 1996.

［6］Uoregon［EB/OL］. http://jersey.uoregon.edu/vlab/.

［7］Andreas Spariias, Fikre Bizuneh. Development of New Functions and Scripting Capabiliies in Java-DSP for Easy Creation and Seamless Integration of Animated DSP Simulations in Web Courses［C］. IEEE Internatiol Conference, 2001: 2717-2720.

［8］Spanias Andreas, Papandreou-Suppappola, Antonia, et al. On-line Signal Processing Using J-DSP［J］. IEEE Signal Processing Letters, 2004, 11(10): 821-825.

［9］Andreas Spanias. Interactive Online Undergraduate Laboratories Using(J-DSP)［C］. IEEE Transactions on Education, 2005: 735-738.

［10］Andreas Spanias. The Java-DSP (J-DSP) Project-From the Prototype to the Full Implementation and Dissemination［C］. ASEE Annual Conference and Exposition, 2005: 9123-9134.

［11］张巳迁，邱晓华，彭月平. 随机共振研究现状及其发展趋势［J］. 电子科技，2014，27（7）：179-181.

［12］杨江涛. 虚拟现实技术的国内外研究现状与发展［J］. 信息通信，2015（1）：138.

［13］张咪. 虚拟仿真实验环境中学习评价指标体系研究［D］. 无锡：江南大学，2020.

［14］魏芸. 虚拟实验的分析与研究［J］. 科技信息，2010（35）：5-6.

［15］百度百科［EB/OL］. https://baike.baidu.com/item/LabVIEW/4165214?fr=Aladdin.

［16］马月红. 基于LabVIEW的信号与系统虚拟实验平台的设计［J］. 电气电子教学学报，2020，42（6）：145-150.

［17］周细凤，曾荣周，林愿，等. 基于NI Multisim和LabVIEW的通信电子线路课程开放式虚拟实验平台［J］. 实验科学与技术，2020，18（5）：135-139.

［18］丁爽，吴伟伟，戴敏，等. 融合现代工具的五轴数控加工虚拟实验教学设计［J］.

中国教育技术装备，2020（6）：45-48.

[19] 何慧，田卫华. 基于LabVIEW和Matlab的电力电子技术虚拟实验平台的设计开发 [J]. 沈阳工程学院学报（自然科学版），2019，14（1）：35-40.

[20] 宋晓琳，于德介，李碧军. 基于ADAMS的汽车主动悬架虚拟实验台的设计 [J]. 中国机械工程，2009（2）：248-251.

[21] 谭邹卿，蒋学东，何云松，等. ADAMS仿真技术在理论力学教学中的实践与探索 [J]. 教育现代化，2019，6（96）：195-197，216.

[22] 杨伟，罗秋生，张少平，等. 基于UG和ADAMS的调节机构虚拟样机动力学仿真 [J]. 燃气涡轮试验与研究，2009，22（2）：22-25.

[23] 童小利，金秋春. 机械创新设计虚拟实验平台的建立 [J]. 中国现代教育装备，2016（13）：12-15.

[24] Baiqing Zhang, Jiabo He, Zemiao Liang. The R&D for hydraulic press simulation teaching system［C］. 2011 International Conference on Multimedia Technology, 2011: 888-891.

[25] 吴青凤，江帆，李东炜. 基于VB的减速器拆装虚拟实验系统的开发 [J]. 实验技术与管理，2014，31（1）：104-106，214.

[26] 张敬南，张镣钟. 实验教学中虚拟仿真技术应用的研究 [J]. 实验技术与管理，2013，30（12）：101-104.

[27] Savidis Anthony. Integrated implementation of dynamic untyped object-based operator overloading［J］. Software Practice and Experience, 2011, 41(11): 1155-1184.

[28] 姚家胜，张永亮，杜宝江. 基于VRML的机床导轨直线度测量虚拟实验设计 [J]. 农业装备与车辆工程，2018，56（10）：42-45.

[29] 陈敏，伍胜男，刘晓秋. 基于X3D实现机械创新设计虚拟实验系统的构建 [J]. 机械设计，2008（7）：13-16.

[30] 安军，曾霞光，范劲松，等. 材料力学课程虚拟仿真实验系统的开发及应用 [J]. 装备制造技术，2020，（2）：166-169.

[31] 项敏敏，徐武，高飞. 基于X3D与JavaScript交互技术在网络虚拟实验中的研究 [J]. 高等继续教育学报，2013，26（5）：49-52.

[32] 郭德伟，肖天庆. 基于Flash ActionScript的机械类教学模拟课件研制 [J]. 现代教育技术，2009，19（8）：93-97.

第 2 章　ActionScript 与机械教学

2.1　ActionScript介绍

　　1997年，致力于高质量音频、视频和动画在艺术领域的软件开发的美国公司Macromedia收购了FutureWave Software公司，并将该公司旗下的FutureSplash软件更名为Flash，这被认为是最早的Flash版本。一年后，专门播放相应动画的播放器Flash Player发布。1999年，作为Flash产品平台脚本解释语言的AS使Flash4拥有了更多的兼容格式，但是此时的AS还不能算是成熟的并且为开发者所承认的脚本语言集合。在Flash5的时代，AS 1.0诞生，这时的AS具备了ECMAScript标准的语法格式和语义解释。随着Flash MX与AS 2.0的出现，Flash动画的交互性得到了增强，Flash动画的魅力也越来越大。2005年，Macromedia公司被奥多比（Adobe）公司收购，而AS 3.0的推出使脚本语言的发展上升到了新的高度。2012年8月15日，Flash退出安卓平台，正式告别移动端。2015年12月1日，Adobe对动画制作软件Flash Professional CC 2015进行了升级并将其更名为"Animate CC 2015.5"，与Flash技术划清了界限。2020年6月18日，Adobe公布Flash的具体终止日期为2020年12月31日，在该日期之后，Adobe将不再发布任何Flash Player更新或者安全补丁。

　　然而，作为动作脚本的AS却被保留了下来。AS 3.0是一种完全面向对象的编程语言，它功能强大，类库丰富，语法类似于JS，多用于具备互动性、娱乐性、实用性的Flash动画开发、网页制作和富网络应用（Rich Internet Application，简称"RIA"）开发，可以使Flash中的内容实现与其他内容、用户之间的交互。它的解释工作由AS虚拟机Action Virtual Machine（简称"AVM"）负责。

AS语句要想起作用，就要通过Flash创作工具或Flex服务器编译生成二进制代码格式，而编译过的二进制代码格式将成为SWF文件中的一部分，被Flash播放器执行[1][2][3]。

AS可以通过设置动作来创建交互动画。使用Normal Mode动作面板上的控件，无须编写任何动作脚本就可以插入一些基本的动作。如果对AS十分熟悉，还可以使用专家模式动作面板编写脚本程序。命令的形式可以是一个动作（如命令动画停止播放），也可以是一系列动作。很多动作的编写只要求少量的编程经验，而有些动作的编写则要求编写人员比较熟悉编程语言。AS拥有语法、变量、函数等，由许多行语句代码组成，每行语句又由一些命令、运算符、分号等组成。AS的结构与C/C++或者Java等高级编程语言相似，因此对于有高级编程经验的人来说，学习AS非常轻松。虽然AS与JS结构类似，但是AS的使用要简单得多，因为每一行代码都可以直接从AS面板中调用。在任何时候，Flash都会检查输入的AS代码的语法是否正确；如果存在错误，还会提示如何修改。完成一个动画的AS编程以后，可以直接在AS调试过程中检查每一个变量的赋值过程以及带宽的使用情况。对于编程学习者来说，使用AS更容易理解面向对象编程中难以理解的"对象""属性""方法"等名词。

很多人都认为AS的发展推动着Flash应用的不断成功，但是与此同时，Flash应用的不断成功，也为AS的发展提供了更广阔的舞台。[4]

① Macromedia 维基百科［EB/OL］. http://zh.wikipedia.org/wiki/Macromedia.

② Jobe Makar. Macromedia Flash 8 ActionScript: Training from the Source［M］. Macromedia Press, 2006.

③ 百度百科［EB/OL］. https://baike.baidu.com/item/Action%20script?fromtitle=actionscript&fromid=241507.

④ 乔珂. ActionScript3.0 权威指南［M］. 北京：电子工业出版社，2008：1.

2.2　ActionScript应用情况

近年来，伴随着网络技术的发展，人们对交互体验的需求日益增长，AS也不再局限于平面动画领域，而是扩展到网站建设、动画制作、交互设计、虚拟现实、视频点播、手持移动设备、桌面富媒体应用、在线社区、游戏制作等诸多领域。[①]基于AS的Flash软件也派生出了众多衍生软件，能够满足不同场合、不同人群的设计开发需要。

国外有很多优秀的纯AS代码网站。例如，图2-1所示的网站"Liquid Journey"结合相应的数学计算方法，显示了元件的各种非线性变换和3D变换等特效功能，用户只需输入不同的参数就可以获得不同的图案、不同的颜色、不同的运动速度、不同的视角等。该网站免费提供AS原代码的下载，以方便相关学习者的学习。

（a）

图 2-1　纯 AS 代码网站"Liquid Journey"

①　Ying Ming, Miller James. Refactoring ActionScript for Improving Application Execution Time [C]. Workshops on Web Information Systems Engineering, WISE 2010: 1st International Symposium on Web Intelligent Systems and Services （WISS 2010），2nd International Workshop on Mobile Business Collaboration, MBC 2010 and 1st Int （Workshop on CISE 2010），2011：268-281.

（b）

图2-1 纯AS代码网站"Liquid Journey"（续）

虽然使用AS构建网站会降低网站的加载速度，但是由于基于AS的Flash可以创造许多炫酷的效果从而提高网站的交互性，还是有许多人选择使用AS来构建网站，特别是一些商业网站和个人网站。图2-2所示为乌克兰自由设计师奥列格·科斯秋克（Oleg Kostyuk）设计的Flash网站"The Oleg"，整个网站色彩亮丽，采用了平面模拟三维效果的导航过程，让人仿佛身临其境，取得了较好的交互效果。

图2-2 乌克兰自由设计师奥列格·科斯秋克设计的Flash网站"The Oleg"

　　国内也有很多商业网站通过基于AS的三维商品展示平台来满足购物者的需求。图2-3所示为基于AS的商品三维展示[1][2]，能够100％还原商品的细节、质感、色彩，购物者只需点击相应的位置就可对商品的局部进行直观而清晰地了解，如了解车体的外观、内饰、空间大小等。

图2-3　国内网站基于AS的商品三维展示

　　在游戏方面，AS的应用也毫不逊色。图2-4（a）所示为网络上流行的利用AS制作的小游戏——带狗狗回家；图2-4（b）所示为捷克独立开发小组Amanita Design利用AS开发的一款中大型冒险游戏——机械迷城（Machinarium）。它们都具有较好的画质和较强的游戏交互功能，能让玩家产生与众不同的游戏体验。

①　盈商科技［EB/OL］．http://www.winbiz.cn/Default.html.
②　帝豪汽车官网［EB/OL］．http://www.dhcar.cn.

（a）利用AS制作的小游戏《带狗狗回家》　（b）利用AS开发的中大型游戏《机械迷城》

图2-4　利用AS开发的游戏

　　影视动画片一直都是AS的强项，它的出现给传统影视动画制作注入了新的活力，不仅大幅缩减了动画制作的成本与人力，还使得个人独立创作成为可能。[①]图2-5所示为国内较为有名的个人影视动画作品，它们凭借精美的画质和小巧的体积深受网络用户的喜爱。

（a）何熠作品《燕子》

（b）田易新作品《小破孩》

图2-5　利用AS制作的个人影视动画作品

---

　　① Sandro Corsaro, Clifford J. Parrott. Hollywood 2D Digital Animation: The New Flash Production Revolution［M］. Course Technology PTR, 2006：11.

正因为在美工制作和脚本程序编写方面拥有巨大的优势，AS 才在现代教育技术中占据了重要的位置。在各学科的教学中，通过 AS 技术来展现教学内容的虚拟实验已经相当普遍。在教育软件的开发[①]、虚拟现实研究[②]、工程虚拟测量[③]等方面都能看到 AS 的身影，在物理[④⑤]、化工[⑥⑦]、机械[⑧]等多学科的实验教学中，也有成功应用 AS 的案例。图 2-6 所示为基于 AS 制作开发的一些虚拟实验，如高振国等人针对《液压传动与控制》课程的实验教学设计开发了一套机械液压回路的虚拟实验系统，使学生能够通过操作虚拟液压回路中的液压元件进行虚拟实验，做许多和目标实物液压回路类似的操作，如启动或停止电动机、改变三位四通换向阀的位置、调整溢流阀的压力来修改其开启压力等；更改一些液压元件的参数，如节流阀的孔面积、液压泵的流速等。[⑨]该系统作为实验教学的有力补充，取得了良好的实验效果。韩小铮等人用 AS 3.0 模拟了 721

① Liang Miao, Bin Zhong. The Construction of Educational Software Development Platform Based on Flash[C]. Electronic and Mechanical Engineering and Information Technology (EMEIT), 2011 : 4879–4882.

② Gonçalo Amador, Abel Gomes. Touchall: A multi-touch, Gestures, and Fiducials API for Flash ActionScript 3.0[C]. Proceedings of the 2011 5th FTRA International Conference on Multimedia and Ubiquitous Engineering (MUE 2011), 2011:53-58.

③ Chen Li, Shengling Xiao, Shizhou You. Development of the Packaging Engineering Experimental Teaching Platform Based on Interaction Design Concept[C]. 2010 2nd International Conference on Multi Media and Information Technology (MMIT 2010), 2010: 162-165.

④ Alena KOVÁROVÁ. Multimedia Interactive Simulations of Physical Experiments[J]. Interactive Simulations of Elementary Physical Experiments, 2004: 1-8.

⑤ 张海强，潘林峰. 基于 Flash 的虚拟物理实验研究 [J]. 实验科学与技术，2012，10（1）：184-186.

⑥ 周彩荣，蒋登高，詹自力，等. 化工热力学虚拟实验室的构建 [J]. 实验室研究与探索，2011（5）：117-120.

⑦ 易运红，张敏娟，吴功庆. 基于 Flash 和 Director 的有机化学实验模拟软件的应用 [J]. 广州化工，2020，48（20）：114-116.

⑧ E.Gómez, P.Maresca, J.Caja, et al. Developing a New Interactive Simulation Environment with Macromedia Director for Teaching Applied Dimensional Metrology[J]. Measurement: Journal of the International Measurement Confederation, 2011, 44(9): 1730-1746.

⑨ Zhenguo Gao, Chunsheng Wang. Constructing Virtual Hydraulic Circuits Using Flash[J]. Computer Applications in Engineering Education, 2010, 18(2): 356-371.

型分光光度仪的实际操作，实现了仪器的交互动态三维显示，通过使用模拟软件达到了实验预操作或部分替代实际操作的目的。①

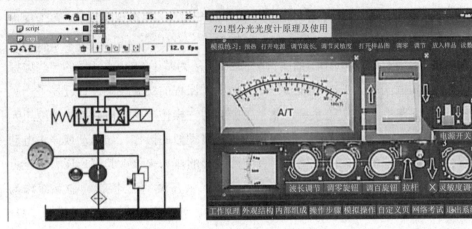

图2-6 基于AS制作开发的虚拟实验

2.3 基于ActionScript的虚拟实验可行性分析

基于AS的机械教学虚拟实验可行性分析实际上是一个简化了的系统分析过程。

2.3.1 技术可行性

从前文对AS的介绍可知，AS的功能较为强大，可以说是一项富媒体技术，能够实现一切二维方面的想法。在三维方面，可以通过常用的CAD设计软件如UG、Pro/E、3D MAX等来建立相应模型，经过适当的格式转换后再采用AS来达到所需要的表现方式。

2.3.2 经济可行性

传统的实体实验需要大量的实验仪器，而且有些实验的耗材量较大，使得

---

① 韩小铮，陈顺通，罗朝，等. 基于 ActionScript 3.0 的化学分析仪器模拟软件制作［J］. 实验室研究与探索，2010，29（6）：58-61.

实验成本较高。例如，机械加工误差统计分析实验需要每个实验者加工出几百个样品，且机床的磨损、耗材的成本都不是小数目。而虚拟实验只需要在计算机上运行即可得到"样品"，其运作成本非常低。

2.3.3　操作可行性

虚拟实验系统的交互几乎完全可通过鼠标的点击、拖动以及键盘的输入等常规操作来实现，不需要使用者在使用前参加专门的操作培训。

2.4　基于ActionScript的虚拟实验在机械教学中的优势

要想理解基于AS的虚拟实验在机械教学中的优势，首先要理解什么是机械。机械是机器与各种机构的总称，具有三个特征：一是机械是多个实物的组合体；二是各实物间具有确定的相对运动；三是能转换机械能或完成有效的机械功。具有以上全部特征的是机器，而仅具有前两条特征的是机构。我国最早关于机械的定义是《庄子·天地》中孔子的得意门生子贡关于"一日浸百畦，用力甚寡而见功多"的故事。该故事记述了科技史上反对、斥责、批评革新者和发明者的典型事例。在古代，机械还被称为"奇器"，这意味着机械是一种神奇巧妙的发明。很多古代机械都表明，机械的目的是省力、提高效率，是机巧的发明，绝不意味着死板。①

机械发展到今天，已经和科技社会紧密地联系在一起，成为一门重要的学科。在今天，这样一门工程性质较强的学科的课程基本形成了"理论+实验"的教学特点。就理论而言，机械课程可以通过视频、动画、图像、文字等多种要素来呈现；就实验而言，机械课程则会受时间、地点、实验设备及材料、信息呈现方式等条件的限制，特别是在一些教育资源紧张、实验条件不足的院校，学生往往无法及时对实验操作进行练习，从而影响了学习效果，导致学习质量下降。基于AS的虚拟实验打破了上述时空、材料、设备的限制，使学生可

---

① 陆敬严. 中国古代机械文明史［M］. 上海：同济大学出版社，2012：3.

以借助电脑随时随地进行实验操作，从而提高学习质量。在基于AS的虚拟实验平台中，数字技术相互交融、彼此协调，为学生提供了能够进行探索、建构和反思的实验环境，能显著增强学生的参与性、自主性、积极性，提高学生的实践能力。①

基于AS的虚拟实验在机械教学中的优势主要体现在以下三个方面。

首先，机械类课程的大部分知识点都具有运动特征。众所周知，机械是能够代替人类的劳动以完成有用的机械功或转换机械能的装置，如生活中常见的各种齿轮、皮带、链、杆等。这些机械会进行各种组合并按一定的规律运动，而机械类课程的相关知识点也同样围绕这种特定运动的规律而展开。这种具有运动特征的知识点在传统的教学方法中很难体现，为了让大部分学生掌握这些知识点，传统教学往往会将其二维化、静态化。这就导致机械类课程十分枯燥乏味、进度缓慢，而且只有具有较好的空间抽象思维的学生才能较好地掌握相关知识。这种死板的教学方式是与机械的特征相违背的。随着现代信息技术的发展，机械类课程的教师可以利用基于AS的虚拟实验，将机械的运动特征三维化、动态化、仿真化，让枯燥乏味的机械知识变得形象直观，让机械"活起来"，从而提升学生的学习兴趣，使学生能够较为容易地掌握专业知识。

其次，基于AS的各种虚拟实验软件的实用性、交互性及仿真性都很强，而且体积小、质量高、运行速度快，很容易置于授课的演示文稿或是网络之中，具有较强的可移植性，非常适合教师平时的教学以及虚拟实验室的构建，还能在一定程度上推动地方高校的实验信息化建设和网络资源化建设。

再次，大部分高校教师都具备掌握AS的条件。AS在其发展历程中，积累了大量的用户和追随者，而且很多教师在学生时代都修过Flash动画制作或者C语言类的课程，具备掌握AS的条件。

最后，利用AS开发虚拟实验的成本较低，对于软硬件的要求也不高。一些地方高校面临着经费、场地、器材等方面的压力或困难，而基于AS的虚拟实验正好能有效缓解这些问题。基于AS的虚拟实验能够突破传统实验对时间和空间的限制，使学生可以随时随地通过互联网进入虚拟实验室，操作仪器进行各种

---

① 孔玺，孟祥增，徐振国，等.混合现实技术及其教育应用现状与展望［J］.现代远距离教育，2019（3）：82-89.

实验，有效提高实验教学质量。

　　总而言之，基于AS的虚拟实验是一种新型的教学手段，相比于实体实验，其综合运用了互联网技术、计算机技术以及虚拟现实技术，实现了对真实实验环境的模拟，使学生能够在模拟的实验环境中开展实验，进而在确保学生自身安全的同时，有效培养学生的实践能力。在网络信息化时代，基于AS的虚拟实验教学系统不仅能在数字化课堂上灵活呈现课前预习、课堂操作、课后练习与作业以及课下答疑等教学环节，而且可以有效地培养学生的动手能力、创新能力和探索新知识的能力，充分体现了以学生为中心的实验教学理念。可以说，将基于AS的虚拟实验引入机械专业教学是对实验教学模式的探索和改革，是对机械专业教学的改革，具有非常重要的现实意义。

参考文献

［1］Macromedia维基百科［EB/OL］. http://zh.wikipedia.org/wiki/Macromedia.

［2］Jobe Makar. Macromedia Flash 8 ActionScript: Training from the Source［M］. Macromedia Press, 2006.

［3］百度百科［EB/OL］. https://baike.baidu.com/item/Action%20script?fromtitle=actionscript&fromid=241507.

［4］乔珂. ActionScript3.0权威指南［M］. 北京：电子工业出版社，2008.

［5］Ying Ming, Miller James. Refactoring ActionScript for Improving Application Execution time［C］. Workshops on Web Information Systems Engineering, WISE 2010: 1st International Symposium on Web Intelligent Systems and Services (WISS 2010), 2nd International Workshop on Mobile Business Collaboration, MBC 2010 and 1st Int (Workshop on CISE 2010), 2011: 268-281.

［6］盈商科技［EB/OL］. http://www.winbiz.cn/Default.html.

［7］帝豪汽车官网［EB/OL］. http://www.dhcar.cn.

［8］Sandro Corsaro, Clifford J. Parrott. Hollywood 2D Digital Animation: The New Flash Production Revolution［M］. Course Technology PTR, 2006.

［9］Liang Miao, Bin Zhong. The Construction of Educational Software Development Platform Based on Flash［C］. Electronic and Mechanical Engineering and Information Technology (EMEIT), 2011: 4879-4882.

［10］Gonçalo Amador, Abel Gomes. Touchall: A multi-touch, Gestures, and Fiducials API for Flash ActionScript 3.0［C］. Proceedings of the 2011 5th FTRA International Conference on Multimedia and Ubiquitous Engineering (MUE 2011), 2011:53-58.

［11］Chen Li, Shengling Xiao, Shizhou You. Development of the Packaging Engineering Experimental Teaching Platform Based on Interaction Design Concept［C］. 2010 2nd International Conference on Multi Media and Information Technology (MMIT 2010), 2010: 162-165.

［12］Alena KOVÁROVÁ. Multimedia Interactive Simulations of Physical Experiments［J］. Interactive Simulations of Elementary Physical Experiments, 2004: 1-8.

[13] 张海强，潘林峰. 基于Flash的虚拟物理实验研究 [J]. 实验科学与技术， 2012，10（1）：184-186.

[14] 周彩荣，蒋登高，詹自力，等. 化工热力学虚拟实验室的构建 [J]. 实验室研究与探索，2011（5）：117-120.

[15] 易运红，张敏娟，吴功庆. 基于Flash和Director的有机化学实验模拟软件的应用 [J]. 广州化工，2020，48（20）：114-116.

[16] E.Gómez, P.Maresca, J.Caja, et al. Developing a New Interactive Simulation Environment with Macromedia Director for Teaching Applied Dimensional Metrology[J]. Measurement: Journal of the International Measurement Confederation, 2011, 44(9): 1730-1746.

[17] Zhenguo Gao, Chunsheng Wang. Constructing Virtual Hydraulic Circuits Using Flash[J]. Computer Applications in Engineering Education, 2010, 18(2): 356-371.

[18] 韩小铮，陈顺通，罗朝，等. 基于ActionScript 3.0的化学分析仪器模拟软件制作 [J]. 实验室研究与探索，2010，29（6）：58-61.

[19] 陆敬严. 中国古代机械文明史 [M]. 上海：同济大学出版社，2012.

[20] 孔玺，孟祥增，徐振国，等. 混合现实技术及其教育应用现状与展望 [J]. 现代远距离教育，2019（3）：82-89.

第3章 基于ActionScript 的机械教学虚拟实验系统设计与开发

3.1 基于ActionScript的机械教学虚拟实验系统结构设计

基于AS的机械教学虚拟实验系统结构设计的主要内容是根据传统的机械教学基础实验及其存在的不足与缺陷，研究分析机械虚拟实验的表现手法，分析所采用的虚拟实验构建技术，并通过对虚拟设备的操作，进行一系列数据分析处理，以达到实验的目的。考虑到后续实验数据的添加和管理，可以将每个实验作为各个分系统来开发，完成后再整合到主体系统中，形成一套机械教学虚拟实验系统。因此，本节将机械教学虚拟实验系统的结构设计分为主体结构设计和分系统结构设计两部分。

3.1.1 主体结构设计

考虑到机械专业实验数量较多，以及时间、空间、技术等方面的软硬件条件，本书选取了六个基础而又典型的机械实验，分别是机构及机构组成认知实验、机构运动简图测绘实验、平面四杆机构运动原理实验、渐开线齿轮范成实验、机械加工误差统计分析实验、金属材料拉压实验。这些实验涉及机械原理、机械设计、机械制造、材料力学等专业核心课程，具有一定的代表性。

机械教学虚拟实验系统的主体结构较为简单，只是一个导航目录，其界面如图3-1所示。界面简洁清爽，当鼠标移到按钮位置时会有提示性的变化。点击右上角的""按钮可以了解系统软件的基本情况；点击""按钮可以关闭整个系统。

图3-1　机械教学虚拟实验系统主体结构界面

3.1.2 分系统结构设计

机械实验的过程如下。

①理解与实验相关的基础知识。

②明确为什么要做实验，即明确实验的目的和意义。

③知道在什么地方做实验、用什么做实验，即明确实验的地点和设备。

④为了让实验达到预期的目的，有针对性地选择实验的内容、步骤以及实验的表现方式。

⑤在实验操作完成后查询相关资料并结合实验指导中的思考题进行一系列研究，然后对在实验过程中得到的实验数据进行必要的处理。

⑥总结得出相应的实验规律，填写实验报告，真正掌握实验涉及的专业知识。

根据上述实验过程，可以按照模块化的方式设计分系统结构，如图3-2所示。具体的模块数量会根据实验有所调整，但大概可以分为四个模块：①软件导航（或帮助）模块，主要展示该实验系统的操作环境、软件使用方法以及相关界面和按钮的意义等；②实验指导模块，主要介绍该实验的目的、原理、方法、实验内容、操作步骤等，并提供实验报告单下载功能；③进行实验模块，其是虚拟实验的主体部分，主要负责根据实验目的及要求，按照实验步骤完成相关实验内容；④数据处理分析模块，其是针对某些数据量较大的实验设计的，以便对实验结果进行进一步研究，或以图表的形式展示实验结果数据，方便教师对实验报告单的批阅。

图3-2　按照模块化方式设计的分系统结构

分系统的界面如图3-3所示。进入分系统后，可点击左下角的"⊙"按钮来获得进一步的帮助指导，了解系统软件的使用和操作方法；点击右下角的"◎"按钮可以回到上一步骤，避免实验者在系统中"迷路"；当需要离开系统时，可以单击右上角的"◎"按钮。

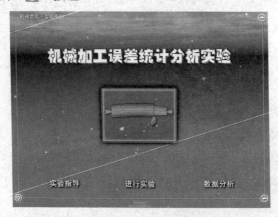

图3-3　分系统界面

3.2　基于ActionScript的机械教学虚拟实验系统开发

3.2.1　主体系统的实现

机械教学虚拟实验系统基于AS 2.0，采用Flash8作为开发软件。主体系统片头等过渡效果采用传统的逐帧动画的形式来实现，而交互功能则需通过编写AS脚本程序来实现。主体系统的实际界面大小为1 024×768像素，在播放过程中一般设置为全屏播放，整体采用蓝色风格，使用机械人为淡色背景，以突显机械课程的性质。该系统共设置了71帧，根据影视动画的一般要求及视觉暂留原理选择了30帧/秒的速度，保证了画质的流畅度。第1帧到第30帧为系统名称及标识（LOGO）出现的过渡动画，点击LOGO后可以激活被停止的帧运动；第31帧到第70帧为各实验名称出现的过渡动画，并在第70帧停止，等待操作者选择各分实验系统；第71帧为帮助或新手导航占用帧，点击"⑦"按钮可以将外部具有幻灯片展示效果的SWF文件导入系统，作为影片剪辑"help_mc"的内容。

3.2.2　软件导航和实验指导的实现

在整个机械教学虚拟实验系统中，每个分系统中的"软件导航（或帮助）"部分和"实验指导"部分都采用了相同的技术，即采用了"loadMovie"命令从外部调入具有幻灯片展示功能的SWF文件。这样既可以分别进行管理和修改，又有助于系统后期的管理和完善。图3-4所示为系统导航（或帮助）界面和实验指导界面，界面的右下部分为控制区域，点击上下翻页符号或者拖动或点击进度条都可以实现对内容的展示。机械教学虚拟实验系统将上翻按钮命名为"backBtn"；下翻按钮命名为"forwardBtn"；进度条采用遮罩技术，命名为"shb"，相应的AS程序代码见附录A.1主体构架的AS代码。

图 3-4　系统导航（或帮助）界面和实验指导界面

3.3　基于 ActionScript 的机械教学虚拟实验系统中机构库的建设

在机械教学虚拟实验中，有些实验需要大量的虚拟设备，如机构及机构组成认知实验、机构运动简图测绘实验等。这就要求机械教学虚拟实验系统的开发人员对机构库进行研究，并建设合理的虚拟机构库。

3.3.1　机构库的设计

通过对具体实验的研究，结合机械教学虚拟实验系统的结构，可以设计具有表3-1所示内容和功能的机构库。只要建立的每个虚拟机构模型都包含这些元素，用户就可以通过适合的方式收集或制作相关资源。

表3-1　机构库的内容与功能

内容	功能	字段
机构模型序号	方便编排、记录及数据读取	label
机构模型名称	显示、认识机构名称	mytitle
机构模型简介	显示、认识机构应用的功能、环境	description
机构模型图片	机构预览图片，方便选择、认知	src
模型与实物间的比例	在测绘中得到较为真实的数据	ratio
三维模型运动状态	三维动态展示、运动装配展示等	myflv
三维模型 PDF 文件	扩展功能，适用于通过外部文件读取	mypdf
机构模型运动简图参考	提供机构运动简图测绘结果参考	myswf
机构模型自由度参考	提供机构模型自由度参考	mydof

考虑到系统软件的整体质量及其协调一致性，在设计机构库时需对其中的一些内容提出一定的要求。

第一，对机构模型图片的要求。图片格式应为常用格式，如JPG、PNG、BMP等，分辨率应在800×600以上且必须按4:3的比例制作。建议采用

PhotoShop软件进行图片处理。另外，在收集或制作图片时要注意图片应能体现机构的最佳状态。

第二，对三维模型运动状态的要求。从控制技术的角度考虑，AS在真三维方面的技术可以说是它的缺陷，因此在本系统中应采用视频的形式来表现机构的运动状态。从视频的大小、质量及整体兼容性等方面考虑，建议选择使用FLV格式的影片。用户可以通过Pro/E或UG等CAD软件建立虚拟模型，制作能从多角度展示机构并集装配仿真、运动仿真、动力学仿真为一体的视频动画，再通过视频格式转换工具将其转换成FLV格式的视频。视频的分辨率至少为800×600，而且必须按4∶3的比例制作，以防系统自动匹配比例引起视频失真变形。

第三，对机构模型运动简图参考的要求，这个要求主要针对机构运动简图测绘实验设计。机构运动简图应制作成SWF文件，第一帧应设计为静态，后面的帧应设计为动态，可采用普通逐帧动画制作。

3.3.2　机构库的调用

按机构库的格式及要求将机构的相关文件准备好后，根据用户的使用习惯、文件类型或者机构类型等对机构库进行分类可以方便机构库的调用。本系统采用后者，即按机构类型进行分类的方式，如图3-5所示。

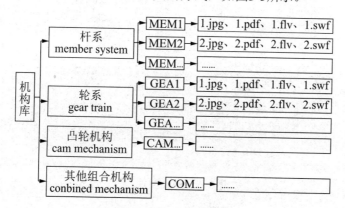

图3-5　按机构类型划分机构库

系统对机构库的调用是指读取库中每个机构的相关信息，考虑到涉及信息管理的数据量不大，因此没有必要使用烦琐的数据库软件。另外，AS本身并不具备直接和大型数据库进行通信的应用程序接口（Application Programming Interface，简称"API"），也不支持本地数据库的直接读取，因此在经过比较后选择使用可扩展标记语言（XML）。

　　XML是互联网环境中跨平台的、依赖于内容的技术，是处理结构化文档信息的有力工具，是一种简单的数据存储语言，而且极其简单，易于掌握和使用[1]。考虑到这些原因，本系统将AS与XML相结合[2]，以实现机构模型的选择和系统与机构库间的调用。

　　系统中XML数据表单结构的设计见表3-1中的字段。每个机构模型都包含9个参数，其中的"mypdf"即三维模型PDF文件，可视各用户情况选用，属于系统保留的一项扩展功能。按照表中各字段可以建立如图3-6所示的XML文件，各分系统中机构的选择就是通过调用这样的XML文件读取其中的字段信息或路径信息，找到所需机构的各内容要素来实现的。调用的AS程序代码见附录A.2机构及机构组成认知虚拟实验或A.3机构运动简图测绘虚拟实验中的AS代码。

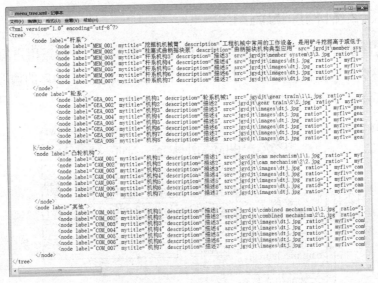

图3-6　XML文件

---

　　① 百度百科［EB/OL］. https://baike.baidu.com/item/%E5%8F%AF%E6%89%A9%E5%B1%9 5%E6%A0%87%E8%AE%B0%E8%AF%AD%E8%A8%80?fromtitle=xml&fromid=86251.

　　② ［英］Ian Tindale，Paul Macdonald，等. Flash XML 实用开发技术［M］. 赖建荣，李思伟，等译. 北京：清华大学出版社，2002：117.

调用后的系统前台机构模型的选择界面如图3-7所示。点击左侧三角形符号可以打开树式下拉菜单；单击模型序号，主显示区将显示该机构的预览图形及机构名称、简介等信息；单击预览图形将进入机构三维模型的运动状态视频播放界面，为机构的认知或测量等实验提供必要的虚拟设备或虚拟仪器。

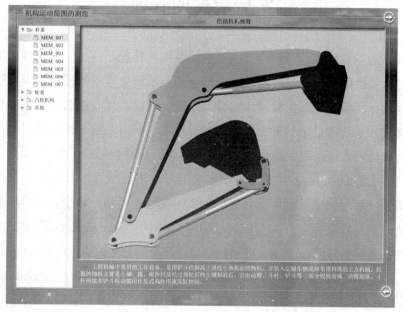

图3-7　系统前台机构模型的选择界面

3.3.3　机构库的更新

增添了新的机构模型后，应该将其信息补充到机械教学虚拟实验系统中。由于采用了AS和XML相结合的技术，机构库的更新显得较为简单，用户不需要修改AS源代码，只需通过Windows操作系统自带的记事本功能或Internet Explorer浏览器打开相应的XML文件按分类情况修改即可，这对于非专业程序人员来说较为简单。

3.4 基于ActionScript的机械教学虚拟实验系统中实验数据的管理

机械教学虚拟实验经常会涉及对实验数据的管理。例如，在机械加工误差统计分析实验中，不管是外部输入的数据还是系统生成的数据，都需要进行存储，以便在实验完成后随时调出实验数据进行分析，或者在教师批改实验报告时直接进入系统通过密码调出当时的实验数据，利用系统设计的数据处理功能查看处理结果，从而大大提高教师的工作效率，缓解教师的工作压力。

考虑到Flash Player播放器出于安全的考虑不支持直接读取本地数据库，在退出系统后会删除数据，而且需要处理的实验数据相对较少，没有必要使用庞大而烦琐的数据库软件，可以通过调用AS中的"SharedObject"对象命令将SWF中的数据通过Flash Player存储到本地计算机的特定位置（C:\Documents and Settings\[username]\Application Data\ Macromedia\FlashPlayer\#SharedObjects\[random character directory name]）。这类似于网页中Cookie的功效，只有重新开机进入实验系统才能再次调用数据。使用该方法存储数据一定要注意存储空间的设置，一般Flash Player默认设置的存储空间很小，因此需要在进入机械教学虚拟实验系统后在界面上点击右键进行相应的设置，保证有足够的存储空间，如图3-8所示。另外，为方便读取及排序，可以采用多维数组的形式处理实验数据，配合"List"命令实现数据的储存和读取，具体可参见附录A.6机械加工误差统计分析虚拟实验中的AS程序代码。

图 3-8 存储空间设置

3.5　基于ActionScript的机械教学虚拟实验系统的调试及应用

3.5.1　系统的调试

系统的调试是保证系统正常工作的重要环节，也是保证整个系统设计质量必不可少的工作环节。在基于 AS 的机械教学虚拟实验系统中，主要可以从三个方面进行相应的调试工作。

3.5.1.1　程序功能调试

对系统的调试主要分为三个方面：首先，在开发过程中采用边开发边调试的方式尽量保证每一项功能模块及其相应程序的正确性；其次，通过各个典型实验分别调试每个实验的完整性；最后，通过整个系统的总体调试保证系统的一致性和相互协调性以及良好的人机交互性等。

3.5.1.2　运行环境调试

系统的运行环境是系统运行的载体，对环境要求较高的系统在实用性和推广性方面往往不够理想。本系统生成的 EXE 可执行文件可以使系统在普通 PC 机的常规操作系统中得以顺利运行，如 Win XP、Win7 和 Win10 等操作系统。另外，本系统在安装了 Flash Player 播放器的部分安卓智能手机和平板电脑上也进行过多次调试，都可以正常运行。这些工作证明了本虚拟实验系统具有高度可移植性，因为采用的技术路线使其对运行环境的要求相对较低。这使得本系统的使用效率和推广效率得以大幅提高。

3.5.1.3　运行结果调试

通过运行结果调试可以发现，本系统在多人多环境的多次运行中并未出现死机现象，系统运行稳定，速度响应较快，界面简洁清晰，操作简单方便，具有一定的人机交互功能。

当然，在调试过程中也发现了一些问题，如果计算机配置较差（一般为在2008 年前购买的计算机），某些实验的响应速度会较慢。例如，在使用齿轮范成实验中的视口实时缩放功能时的响应速度较慢，但并不会影响系统的正常工作。出现这一问题的原因可能是这个过程对计算机计算速度的要求较高，也可能是程序设计的优化不够。这也是后续研究开发工作需要改进的地方。

总而言之，经过无数次的调试、修改和完善，该虚拟实验系统的程序、功能及其运行情况等各方面都达到了相应的要求。

3.5.2 系统的应用

本书所研究的虚拟实验系统由机构及机构组成认知虚拟实验系统、机构运动简图测绘虚拟实验系统、平面四杆机构运动原理虚拟实验系统、渐开线齿轮范成虚拟实验系统、机械加工误差统计分析虚拟实验系统、金属材料拉压试验虚拟测控平台构成，体现了优于传统实物实验的特点，具体应用情况见表 3-2。

表 3-2　系统应用情况

实验名称	理论教学应用	实验教学应用	备注
机构及机构组成认知虚拟实验系统	8 届	7 届	补充实验
机构运动简图测绘虚拟实验系统	8 届	6 届	补充实验
平面四杆机构运动原理虚拟实验系统	12 届	12 届	独立实验
渐开线齿轮范成虚拟实验系统	9 届	9 届	补充实验
机械加工误差统计分析虚拟实验系统	12 届	12 届	独立实验
金属材料拉压试验虚拟测控平台	4 届	4 届	补充实验

本系统在教学实践过程中的应用情况表明，学生对相关专业知识的掌握情况得到了很大的改善，因此虚拟实验系统在教学中的地位逐渐提高。随着系统的不断完善和改进，机械教学虚拟实验系统已经成为机械教学中不可缺少的重要资源和工具。

参考文献

［1］百度百科［EB/OL］. https://baike.baidu.com/item/%E5%8F%AF%E6%89%A9%E5%
B1%95%E6%A0%87%E8%AE%B0%E8%AF%AD%E8%A8%80?fromtitle=xml&from
id=86251.

［2］Ian Tindale，Paul Macdonald，等. Flash XML实用开发技术［M］. 赖建荣，李思
伟，等译. 北京：清华大学出版社，2002.

第4章 机构及机构组成认知虚拟实验研究

4.1 机构及机构组成认知传统实验

机构是具有确定相对运动的构件组合，是用来传递运动和力的构件系统，是由两个或两个以上构件通过活动连接形成的构件系统。①按组成的各构件之间的相对运动划分，机构可分为平面机构（如平面连杆机构、圆柱齿轮机构等）和空间机构（如空间连杆机构、蜗轮蜗杆机构等）；按运动副的类别划分，机构可分为低副机构（如连杆机构等）和高副机构（如凸轮机构等）；按结构特征划分，机构可分为连杆机构、齿轮机构、斜面机构、棘轮机构等；按所转换的运动或力的特征划分，机构可分为匀速和非匀速转动机构、直线运动机构、换向机构、间歇运动机构等；按功用划分，机构可分为安全保险机构、联锁机构、擒纵机构等。机构种类繁多，结构多样，对其进行宏观认知是学习机械知识的基础。

机构及机构组成的认知实验是《机械原理》课程中最基础的实验，其目的是通过观察常用的平面连杆机构、空间连杆机构、凸轮机构、齿轮机构、齿轮轮系、间歇运动机构以及组合机构的类型与运动情况，对机构、机器、运动

① 孙桓，陈作模，葛文杰. 机械原理（第八版）[M]. 北京：高等教育出版社，2013：1.

副、构件有一定的认识，对机器的基本要素有初步的了解。[1][2]

　　传统的实验方法一般是通过参观如图4-1所示的机械示教陈列柜来实现的。让学生观察陈列柜中各种常用机构模型的动态展示，可以增强其对机构与机器的感性认识。实验时，在机器和机构动起来之后，首先要观察典型机器的组成以及常用机构的结构、组成、运动特点。因为每个柜上都有说明，所以这一部分可以采取教师进行简单介绍和学生自己观察相结合的方法。在这个过程中，教师要提出问题，供学生思考，使学生对机器的组成，常用机构的结构、类型、特点有一定的了解。

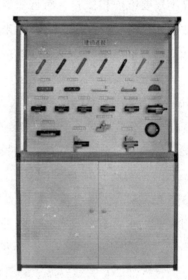

图4-1　机械示教陈列柜

　　各院校因经费、地点、管理等方面的问题，购买的示教陈列柜的数量、规格、档次差异较大，甚至很大一部分不具备自动演示或解说功能，再加上设备老化、更新不便等各种问题，导致学生对机构知识的认知大打折扣，效果逐级衰减。

---

① 朱聘和，王庆九，汪久根，等. 机械原理与机械设计实验指导[M]. 杭州：浙江大学出版社，2010：8.

② 傅燕鸣. 机械原理与机械设计课程实验指导（第2版）[M]. 上海：上海科学技术出版社，2017：3.

4.2 机构及机构组成认知虚拟实验系统结构及界面设计

机构及机构组成认知虚拟实验涉及各种常见机构，可以实现机构库的不断增加和更新，不仅所有零部件及机构都不会出现老化或丢失等问题，各机构的运行不需要维护和保养，而且随着后期虚拟实验机构库开发的不断完善，机构的数量、种类及形式等都将会越来越多元化，学生对机构的认知将会更加全面，认知范围更加宽广，在后续机构的创新设计、新产品开发等过程中能展示出更大的思维爆发空间，对学生创新思维能力的培养有非常重要的意义。王成等人就采用VR和WebGL开发技术，并结合Unity3D设计开发了齿轮机构认知虚拟仿真实验，有效克服了上述传统实验的不足。[①]

根据机构及机构组成认知实验教学大纲，从实验目的和要求出发，该虚拟实验系统的结构及界面如图4-2所示。由一对斜齿轮和一对锥齿轮组合而成的LOGO简单清晰，体现出机构的特性与传动关系，贴合实验主题。因为机构及机构组成认知实验不涉及实验数据的动态处理，本系统只设计了软件导航、实验指导和进行实验三个部分，无数据分析处理模块。实验内容包括对选择的机构模型进行三维动态的观察，了解机构的组成情况、运动情况和应用情况等。

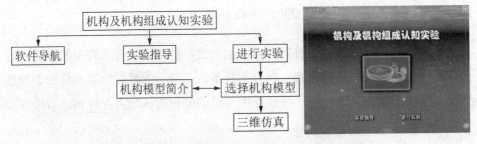

图4-2 机构及机构组成认知虚拟实验系统结构及界面

点击界面左下角的"⊙"按钮将进入软件导航模块，即新手导航界面。在

---

① 王成，杨波，刘海. 齿轮机构认知虚拟仿真实验的设计与实现 [J]. 实验室研究与探索，2018，37（8）：102-105.

这里可以了解该虚拟实验系统的使用和操作情况。图4-3所示为鼠标分别位于实验系统结构"实验指导"模块和"进行实验"模块的显示情况。可以看到，当鼠标停留在导航首页系统结构图中不同的位置时，空白处显示的基本情况说明也是不同的。这样的简单交互有利于增强学生的学习兴趣。

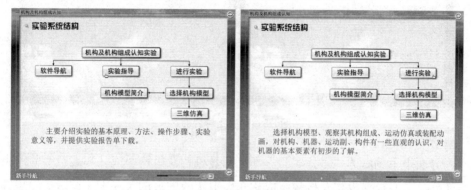

图4-3　新手导航系统结构界面

图4-4所示为新手导航界面中的基本页面示意图，主要显示进入系统后基本页面的情况说明，如主显示区域及底侧面等显示区域、进度播放条的操作、零件库模型树操作等，能够让用户快速而准确地掌握机构及机构组成认知虚拟实验系统的使用和操作规则。

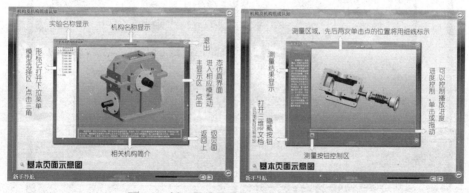

图4-4　新手导航界面中的基本页面示意图

点击界面中下偏左的"实验指导"，将看到机构及机构组成认知虚拟实验的实验指导情况，主要介绍了该实验的目的、原理、方法、内容、操作步骤等，并提供了实验报告单下载功能，如图4-5所示，实验的开展及具体操作过程见附录B.1机构及机构组成认知虚拟实验的实验指导。

图4-5　实验指导界面

　　界面中下偏右的"进行实验"部分则是机构及机构组成认知虚拟实验的主体部分，主要根据机构及机构组成认知虚拟实验的目的及要求，按照实验步骤完成相关实验内容。图4-6所示为机构及机构组成认知虚拟实验运行过程中部分界面的效果，具有内外兼修、动静配合、虚实结合的特点，而且从多角度展示了各种机构的结构特性或运动特性，充分体现了虚拟实验的优势。

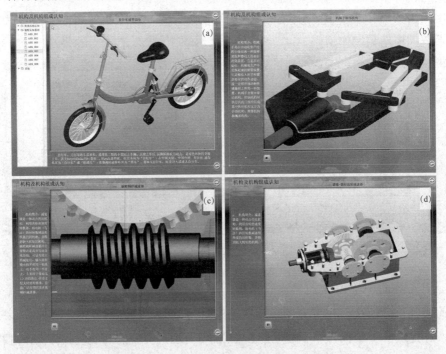

图4-6　机构及机构组成认知虚拟实验过程界面

4.3　机构及机构组成认知虚拟实验系统
各功能的实现

为了使系统正常运行，本系统主体共设计了四帧脚本。第一帧主要是"实验标题"等主界面按钮，点击可进入相应的分系统。第二帧为软件导航（或帮助）和实验指导部分留出的位置帧，用于将展示相应部分功能的外部SWF文件加载到系统中，并达到实时控制的目的。第三帧的内容为认知机构模型的选择，如图4-7所示。界面左侧引入了一个名为"my_tree"的"Tree"组件，主显示区引入名为"my_ldr"的Loader组件，通过对其enu_tree.xml文件的读取，加载机构库相关信息，并形成相应的树形下拉菜单。点击左侧三角形符号打开树式下拉菜单，单击模型序号，右边将显示该机构的预览图形及机构名称、简介等信息。点击查看浏览图，选定机构后将进入第四帧，名为"my_flvplay"的"FLVPlayback"组件会读取menu_tree.xml文件中相应机构的视频路径，播放展示该机构的视频资源。为了实现对视频的进一步控制，本系统引入了"PlayButton"和"PauseButton"控制按钮组件，还设计了进度条形式的控制按钮，方便不同用户的操作。具体的AS程序代码见附录A.2机构及机构组成认知虚拟实验的AS代码。

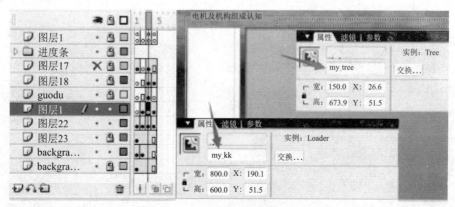

图 4-7　系统开发界面

4.4 机构及机构组成认知虚拟实验系统的特点

机构及机构组成认知虚拟实验系统是通过 Pro/E、UG、AutoCAD 等软件建立部分机构的三维模型，以 AS 为基础，利用 XML、Web 等技术开发的，可实现与外部文件的链接，从而方便实现系统机构库的扩充或更新。该系统不仅可以清晰地展示机构的各零部件，而且外观状态与内部结构兼顾，静态结构和运动状态相互结合，配合动态虚拟装配及拆卸动画模拟，较为完备地展现了各机构的结构原理与运动原理，从而实现了对机构及机构组成的多角度认知，达到了实验教学的目的。

参考文献

［1］孙桓，陈作模，葛文杰．机械原理（第八版）［M］．北京：高等教育出版社，2013．

［2］朱聘和，王庆九，汪久根，等．机械原理与机械设计实验指导［M］．杭州：浙江大学出版社，2010．

［3］傅燕鸣．机械原理与机械设计课程实验指导（第2版）［M］．上海：上海科学技术出版社，2017．

［4］王成，杨波，刘海．齿轮机构认知虚拟仿真实验的设计与实现［J］．实验室研究与探索，2018，37（8）：102-105．

第 5 章 机构运动简图测绘虚拟实验研究

5.1 机构运动简图测绘传统实验

任何机器和机构都是由若干构件和运动副组合而成的，而机构各部分的运动是由其原动件的运动规律、该机构中各运动副的类型（高副、低副，转动副、移动副等）和机构的运动尺寸来决定的，与构件的外形、断面尺寸、组成构件的零件数目及固联方式等无关。机构运动简图从运动的观点出发，用规定的符号和简单的线条，按一定的尺寸比例来表示实际机构的组成及各构件间的相对运动关系。[①]正确的机构运动简图中各构件的尺寸、运动副的类型和相对位置以及机构的组成形式应与原机构保持一致，从而保证机构运动简图与原机构具有完全相同的运动特性。根据机构运动简图，可以使了解机械的组成及对机械进行运动和动力分析变得十分简便。机构的运动简图如同机构的骨架，运动副便是骨架的连接部位，而骨架的运动方式客观地反映了机构的运动方式。所以说，掌握机构运动简图即掌握了机构的运动规律。

机构运动简图测绘实验是《机械原理》课程中的一个典型实验，其目的是让学生学会根据实际机器或模型绘制机构运动简图的基本技能，为将来的设计打好基础，了解机构运动简图与实际机械结构的区别，进一步加深对机构的组成原理、机构自由度的含义及计算方法的理解，判断该机构在何种条件下具有

---

① 孙桓，陈作模，葛文杰. 机械原理（第八版）[M]. 北京：高等教育出版社，2013：11.

确定运动。

　　传统的机构运动简图测绘实验主要采用直尺、卡尺等对如图5-1所示的木模或者铝合金机构模型进行测绘。然而，使用频率越高、时间越久，量具和机构模型的磨损就越严重，机构相对运动的间隙也会扩大，造成精度严重下降；设备老化导致的铰链断裂，也会导致模型不能继续使用等，对实验教学的开展造成了一定的困难。

图5-1　测绘用机构模型

5.2　机构运动简图测绘虚拟实验系统结构及界面设计

　　基于AS技术，可以同开发机构及机构组成认识虚拟实验一样，设计开发机构运动简图测绘虚拟实验。[①]采用各种三维软件构建相应零部件模型和虚拟机构库，能够避免传统机构缺损、维护等问题，为学生提供更为丰富的模型，为后续机械原理的课程设计打下坚实的理论基础。何玉林等人就结合Delphi和Solidworks软件开发了机构运动简图测绘虚拟仿真实验。[②]

　　根据机械原理实验教学大纲，机构运动简图测绘实验的目的是了解机构运动传递情况，掌握机构运动简图测绘方法，巩固和扩展对机构的运动及其工作

　　① 郭德伟，闵洁，江洁，等. 基于 Flash ActionScript 机械虚拟实验的设计与开发 [J]. 红河学院学报，2012，10（4）：19-21，41.

　　② 何玉林，陈磊磊. 机构运动简图测绘虚拟仿真实验的设计与开发 [J]. 装备制造技术，2015（11）：25-27.

原理的分析能力。[①]因此，在绘制机构运动简图时，首先要明确该机构的实际构造和运动传递情况。具体来说，就是要先确定原动件和执行机构，即直接执行生产任务的构件或最后运动的构件，然后再循着运动传递的路线明确原动件的运动是怎样经过传动部分传递到执行构件的，从而认清该机构是由多少构件组成的，以及各构件之间组成了何种运动副以及它们的相对位置，如转动副中心的位置、移动副导路的方位和平面高副接触点的位置等。只有这样才能正确绘制出其机构运动简图。

从实验目的和要求出发，机构运动简图测绘虚拟实验系统的结构和界面如图5-2所示。将传统颚式破碎机的机构运动简图作为该虚拟实验的LOGO简单清晰，体现出了机构的运动特性与机构间的链接关系，符合实验内涵。同机构及机构组成认知虚拟实验类似，机构运动简图测绘不涉及实验数据动态处理，系统也只包括软件导航、实验指导、进行实验三个部分；当鼠标停留在导航首页系统结构图中不同的位置时，空白处显示的基本情况说明也不同，以防学生"迷失"。

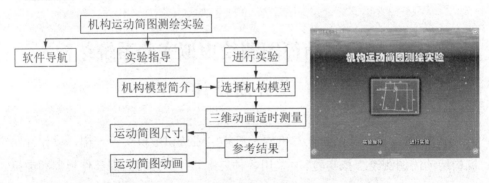

图5-2　系统软件结构及界面

点击界面中下偏左的"实验指导"，能看到机构运动简图测绘虚拟实验的具体指导情况，主要介绍了该实验的目的、原理、内容，以及简图符号的表达、运动简图绘制方法、机构自由度的计算、操作步骤、例题及思考题等，并提供了实验报告单下载功能，如图5-3所示。指导界面采用平面机构和运动简图同步动态显示，这是传统实验指导书无法比拟的，能够大大提高学生对机构简

---

① 傅燕鸣. 机械原理与机械设计课程实验指导（第2版）[M]. 上海：上海科学技术出版社，2017：13.

图的理解能力。具体实验的开展及操过程见附录B.2机构运动简图测绘虚拟实验的实验指导。

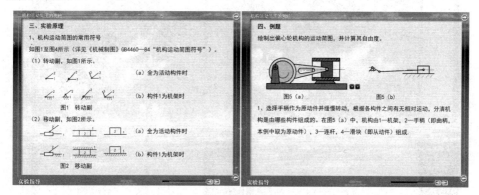

图5-3 实验指导界面

　　界面中下偏右的"进行实验"部分则是虚拟实验的主体部分，该虚拟实验也是建立在机构库的基础上，选择机构模型进行运动情况的观察，了解其机构组成，实时测量机构间各运动副的相对位置，并记录绘制机构简图。系统对机构模型的测绘主要依赖于机构库中机构运动的三维展示动画，图5-4所示为机构运动简图测绘虚拟实验运行过程中的部分界面效果。图5-4（a）所示为机构的选择界面，点击左侧的机构库模型树，将展示该机构的基本图形，并在界面下方展示该机构的基本情况说明。点击基本图形进入后会看到运动状态下该机构的动态三维模型。为了将机构运动简图表示清楚，一般选择与机械的多数构件的运动平面相平行的平面为视图平面，允许将机械不同部分的视图展开到同一视图面上。点击界面下方的"开始测量"按钮，机构运动及角度转换将停止，进入测量截面，如图5-4（b）所示。此时鼠标变为十字光标，依次点击两个需要测量的点，相关数据将显示在界面左边的面板上。点击"停止测量"后，机构将继续运动，界面右下方将会显示"参考结构"按钮。点击并输入预先设置的密码，将显示如图5-4（c）所示的机构运动简图。该图用红色标识出了原动机构，并配有参考数值。点击"查看简图动画"将能观看图5-4（d）所示的动态机构简图，这将使传统静态简图变得"活"起来，使机构的运动方式变得清晰明了。点击"查看简图尺寸"将切换为静态方式。这种动静结合的机构运动简图，使学生对该知识的理解和掌握变得更加容易。

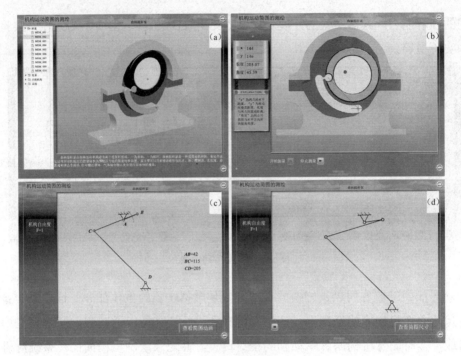

图5-4 实验过程界面

5.3 机构运动简图测绘虚拟实验系统测量功能的实现

机构运动简图测绘虚拟实验系统的界面原大小为1 027×768像素，利用Flash Player播放可实现全屏，也可局部缩放。机构运动简图测绘虚拟实验系统的三个模块均采用外部文件导入方式设计，以方便系统更新及机构库的扩充。实现各模块功能的核心在于编写代码使用户在操作时尽可能地获得和实际操作一样的实验效果。机构运动简图测绘虚拟实验系统的主程序共采用五帧AS脚本动画实现，具体的开发界面如图5-5所示。

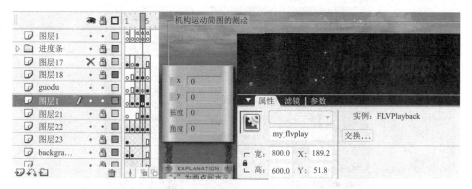

图5-5　机构运动简图测绘虚拟实验系统开发界面

第一帧为系统软件界面。第二帧为新手导航和实验指导模块，采用"loadMovie"命令直接从外部导入新手导航和实验指导的SWF文件。第三帧主要用于实现机构模型的选择，其实现方式和机构及机构组成认知虚拟实验相同。第四帧主要用于实现机构模型的测量，按下"开始测量"按钮，机构运动停止，此时除"停止测量"和"退出"按钮外，其他按钮都不可用，同时鼠标指针转换成十字形状。先后点击需要测量的距离，系统将在两点间绘出一条辅助直线，所测数据信息将显示在左侧面板区域中。按下"停止测量"按钮，鼠标指针及其他按钮均恢复正常，机构继续运动，如图5-6所示。这帧采用了"FLVPlayback"组件及其两个控制组件"PlayButton""PauseButton"，并结合界面下部设计的进度条共同对导入的三维机构运动模型进行控制。测量功能通过两个重叠的区域按钮"an1"和"an2"交替实现，第一次单击时点击的是按钮"an1"，记录鼠标点击的位置，第二次单击时点击的是按钮"an2"，根据两点的坐标关系，可以在两点间绘出一条细线以方便观测，并结合外部导入的模型机构比例关系信息得到机构模型相应的测量数值。第五帧主要通过外部机构库中的SWF文件得到运动简图参考结果。需要注意的是，其制作必须符合相应的要求。

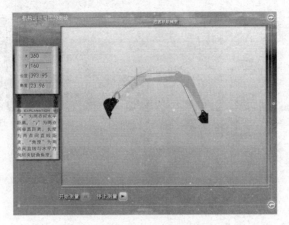

图5-6　机构模型的测量界面

　　图5-7所示的运动简图参考结果显示了机械臂的运动情况及其可行区域。点击左侧提示性按钮可以实现静态和动态间的转换，其中运动动画可通过按钮"swf_play"和"swf_pause"控制，以实现对机构运动的实时观察。中间下部是机构自由度参考结果显示区，数据是从XML数据交换文件中自动读取的。该帧的AS代码和第二帧相似，也采用"loadMovie"命令导入外部机构库中的SWF文件，并通过按钮实现机构运动的简单控制，具体的AS代码见附录A.3机构运动简图测绘虚拟实验AS代码各帧情况。通过图5-7所示的挖掘机机械臂运动简图，配合对动画的播放控制，可清晰地了解三个液压缸作为原动件相互配合的运动情况以及机械臂的最大工作范围，加深学生对挖掘机机械臂运动原理的理解，提高学生的实验兴趣。

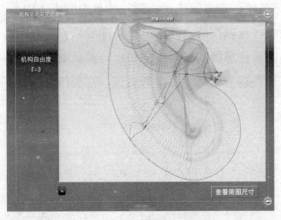

图5-7　运动简图参考结果界面

5.4 机构运动简图测绘虚拟实验系统特点

采用AS开发的机构运动简图测绘虚拟实验系统的框架和机构及机构组成认知虚拟实验系统类似,但增加了测绘及通过密码访问参考结果等多项功能。机构运动简图测绘虚拟实验系统不仅显示了模型机构的运动情况,而且动态显示了机构简图的运动情况,这将大大加深学生对构件、运动副、运动链及机构的理解,掌握机构简图和自由度的实际意义,达到实验教学的目的。机构运动简图测绘虚拟实验系统可以被认为是一个实验教学信息化平台,随着机构库的逐步建设,系统中的虚拟模型会越来越丰富,学生对实验模型的可选性也会随之增强,学生的实验兴趣会进一步提高,教学质量也将得到提高。

参考文献

［1］孙桓，陈作模，葛文杰．机械原理（第八版）［M］．北京：高等教育出版社，2013．

［2］何玉林，陈磊磊．机构运动简图测绘虚拟仿真实验的设计与开发［J］．装备制造技术，2015（11）：25-27．

［3］郭德伟，闵洁，江洁，等．基于Flash ActionScript机械虚拟实验的设计与开发［J］．红河学院学报，2012，10（4）：19-21，41．

［4］傅燕鸣．机械原理与机械设计课程实验指导（第2版）［M］．上海：上海科学技术出版社，2017．

第6章 平面四杆机构运动原理虚拟实验研究

6.1 平面四杆机构运动原理传统实验

一般的机构运动分析是在已知机构尺寸及原动件运动规律的情况下，确定机构中其他机构上某些点的轨迹、位移、速度、加速度以及构件的角位移、角速度、角加速度。无论是设计新的机械还是了解现有机械的运动性能，对机构运动进行分析都是十分重要的。分析机构运动的方法有很多，主要有图解法和解析法。当需要简洁直观地了解机构的某个或某几个位置的运动特性时，采用图解法比较方便，而且精度能满足实际问题的需要；当需要精确了解机构在整个运动循环过程中的运动特性时，采用解析法并借助计算机不仅可获得很高的计算精度和一系列位置的分析结果，而且能绘制出机构相应的运动线图，同时还可以把机构分析和机构综合问题联系起来，为机构的优化设计提供帮助。

平面四杆机构是在工程中得到广泛使用的典型运动机构，是平面铰链机构中最基本的形式，其他形式的四杆机构都是在它的基础上演化而成的。因此，对平面四杆机构运动进行模拟和分析对于更好地理解和设计四杆机构具有重要意义。平面四杆机构是由四个刚性构件以低副链接组成的，各个运动构件均在同一平面内运动。所有运动副均为转动副的四杆机构被称为"铰链四杆机构"，是平面四杆机构的基本形式。选定其中一个构件作为机架之后，直接与机架链接的构件被称为"连架杆"，不直接与机架连接的构件称为"连杆"，能够进行整周回转的连架杆被称为"曲柄"，只能在某一角度范围内往复摆动的连架杆被称为"摇杆"。如果以转动副连接的两个构件可以做整周相对转动，则称之为"整转副"，反之则称之为"摆转副"。[①]在铰链四杆机构中，按照连架杆是否可以做整周转动，可以将铰链四杆机构分为三种基本形式，即曲柄摇杆机构、双曲柄机构和双摇杆机构。

平面四杆机构运动原理实验是采用解析法对基本铰链平面四杆机构进行运动分析的过程，其目的是掌握四杆机构的运动特性。传统的机械实验一般没有这个实验，因为平面四杆机构的杆长变化及其动态演化、运动分析等不方便通过实物设备进行展示。虽然关于平面四杆机构运动原理实验的网络资源有很多，但不够全面，不能实现交互，无法调动学生的主动性及创新思维能力。因此，设计一套平面四杆机构运动原理虚拟实验系统是非常有必要的。

6.2 平面四杆机构运动原理虚拟实验系统结构及其界面设计

我国有许多学者都设计了平面四杆机构运动原理虚拟实验系统。例如，笔者采用AS技术研发了平面四杆机构运动原理虚拟实验[②]，李煜等人采用Java集成开发了铰链四杆机构运动的远程虚拟仿真系统[③]，张帆和赵世田等人以MATLAB为主体对平面四杆机构及连杆点的运动进行了研究[④][⑤]。不同学者采用

① 孙桓，陈作模，葛文杰. 机械原理（第八版）［M］. 北京：高等教育出版社，2013：131.

② 郭德伟. 平面四杆机构运动线的 Flash ActionScript 动态模拟［J］. 红河学院学报，2012，10（2）：44-48.

③ 李煜，曾红，孙博. 铰链四杆机构实验远程虚拟仿真的研究与实践［J］. 实验室科学，2020，23（1）：52-55.

④ 张帆. 铰链四杆机构运动仿真实验平台开发［J］. 科技视界，2018（32）：162-163，165.

⑤ 赵世田，付莹莹，曾勇，等. 基于 Simulink 的四杆机构及连杆点的运动学仿真研究［J］. 煤矿机械，2017，38（5）：183-186.

的技术方法各异，但原理是一致的。

平面四杆机构运动原理虚拟实验是对铰链平面四杆机构进行运动分析的过程，其目的是让学生掌握不同杆长条件所形成的机构类型及其运动规律，了解平面四杆机构中连杆及其附件位置的运动情况和对运动轨迹研究的意义，了解各杆的运动规律及其运动线的意义，为平面四杆机构的设计奠定基础。根据实验教学大纲及实验目的和要求，平面四杆机构运动原理虚拟实验系统的结构及主界面如图6-1所示。将平面四杆机构运动中典型的平面曲柄摇杆机构的动态运动简图作为该虚拟实验的LOGO，不仅可以体现出平面四杆机构的运动特性，而且符合其内涵。同前文所述的虚拟实验一样，平面四杆机构运动原理虚拟实验系统也只包括软件导航、实验指导、进行实验三个部分。软件导航界面和实验指导两部分构架与之前所述相似，这里不再细述。

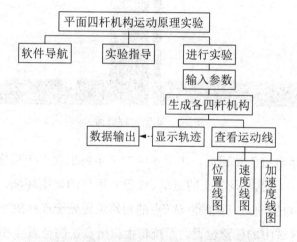

图6-1　系统软件结构及界面

点击"进行实验"按钮后的界面如图6-2（a）图所示，该界面显示了平面四杆机构的运动情况及其连杆附件点的运动轨迹。首先，界面左上角部分采用五个输入文本框来分别输入各杆件长度 l_1、l_2、l_3、l_4（长度单位均为像素，单位为px）及原动件 AB 的转速 ω，并设计了相应的输入确认按钮，采用了两个主要的动态文本。界面上方显示机构的类型，左下方显示原动件 AB 与水平方向的夹角 θ_1 大小和 E 点的速度（像素/秒）。界面中间主显示区显示经过系统判定形成的四杆机构简图，并按照给定的角速度进行转动，主要帮助学生理解平面四杆机构的杆长条件及其运动规律。

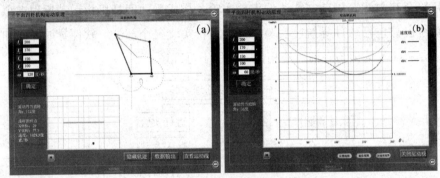

图6-2　实验过程界面

点击"显示轨迹"按钮后，主显示区左下角将出现一个带格子的小图，用来模拟连杆 BC（绿色）及其上的点 E（红色）所处的周围环境，并在主界面上显示相应 E 点的位置轨迹。系统默认 E 点的初始位置处于连杆 BC 的中间，用鼠标点击这个网格区域中的任意位置，系统将根据所点击的位置点和连杆 BC 的相对位置环境，按小图中 BC 杆的长度和输入 l_2 的长度比例，计算 $\overline{BE}$ 的长度及其方位角 θ_4 的大小，重新确定 E 点的位置及其轨迹变化。轨迹采用AS渐变动画实现 E 点前一位置的渐变，新点不断出现又缓慢消失，形成了一系列动态轨迹点。这些点的疏密程度也体现出 E 点在该位置时的运动速度，点越密表示速度越慢。

点击"查看运动线"按钮后，系统将进入如图6-2（b）所示的机构运动线动态情形。在该界面中，正下方设有相应的按钮，能够实现位置、速度和加速度的切换；网格的右上角设计了方便观察数据的参考定位条，点击定位条中的小三角标识可以拖动显示表示定位条所处位置的纵坐标数据；"暂停"和"播放"按钮用以实时控制整个运动过程，方便对显示数据进行直观对比和记录。

6.3 平面四杆机构运动原理虚拟实验系统 部分主要功能的实现

6.3.1 平面四杆机构数学模型的建立

用解析法对平面四杆机构进行运动分析的关键是平面四杆机构位置方程的建立和求解。将平面四杆机构位置方程对时间求导数，即可以求得机构的速度和加速度方程，进而完成对平面四杆机构的运动分析。建立正确的平面四杆机构数学模型是设计平面四杆机构运动原理虚拟实验的前提，这里采用矢量法来建立平面四杆机构位置方程，并作出平面四杆机构的封闭矢量多边形。如图6-3所示，根据平面四杆机构的运动原理，结合AS技术建立直角坐标系时，需要注意纵坐标方向向下为正向。

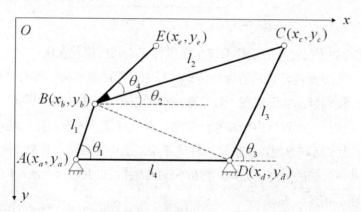

图6-3 平面四杆机构封闭矢量多边形

点 A、B、C、D 分别为机构节点，l_1、l_2、l_3、l_4 分别为各杆长度，θ_1、θ_2、θ_3、θ_4 分别为 AB、BC、CD、DE 杆的方位角。设 AD 为水平机架，即方位角为零。若 l_1 为 AB 的杆矢量，其他构件也表示为相对应的杆矢量，这样就形成了一个封闭矢量多边形，即 $ABCDA$。在这个多边形中，其各矢量之和必等于零，即

$$l_1 + l_2 = l_4 + l_3 \tag{6-1}$$

这种对平面四杆机构的分析，实际上是通过各杆件的长度变化和原动件AB的运动规律来求解其他未知量的过程。根据原动件以给定的角速度匀速运动、AS应用环境中坐标的方向以及该简图的几何关系，各位置点有如下关系：

若 $A(x_a, y_a)$ 点位置给定，则 $D(x_d, y_d)$ 点位置：

$$x_d = x_a + l_4, \quad y_d = y_a \tag{6-2}$$

$B(x_b, y_b)$ 点位置：

$$x_b = x_a + l_1 \cos\theta_1, \quad y_b = y_a - l_1 \sin\theta_1 \tag{6-3}$$

$C(x_c, y_c)$ 点位置：

$$x_c = x_b + l_2 \cos\theta_2, \quad y_c = y_b - l_2 \sin\theta_2 \tag{6-4}$$

$E(x_e, y_e)$ 点位置：

$$x_e = x_b + \overline{BE} \times \cos(\theta_2 + \theta_4), \quad y_e = y_b - \overline{BE} \times \sin(\theta_2 + \theta_4) \tag{6-5}$$

其中，

$$\theta_2 = \arccos\frac{l_2^2 + \overline{BD}^2 - l_3^2}{2l_2 \times \overline{BD}} + \arccos\frac{l_4^2 + \overline{BD}^2 - l_1^2}{2l_4 \times \overline{BD}} \tag{6-6}$$

$$\overline{BD} = \sqrt{(x_d - x_b)^2 + (y_d - y_b)^2} \tag{6-7}$$

$\overline{BE}$ 和 θ_4 的值在设计的软件系统中由鼠标点击相应位置获取。

另外，在平面四杆机构的运动仿真过程中，要注意机构位置的"死点"现象。对此，要同解决实际问题一样采取适当的措施，让机构顺利通过"死点"正常运行。因此，在设计中应特别注意对原动件摆角的分析，特别是在双摇杆机构中。[①]为了运算方便，这里以一种简单实用的确定方法，将BC杆和CD杆重叠共线时θ_1所对应的角度记为α，将BC杆和CD杆拉直共线时θ_1所对应的角度记为β，如图6-4所示，则有

$$\alpha = \arccos\frac{l_1^2 + l_4^2 - (l_2 - l_3)^2}{2l_1 l_4} \tag{6-8}$$

$$\beta = \arccos\frac{l_1^2 + l_4^2 - (l_2 + l_3)^2}{2l_1 l_4} \tag{6-9}$$

---

① 高英敏，马璇，张丽萍. 双摇杆机构极限摆角的确定 [J]. 机械设计，2004，21（4）：51-53.

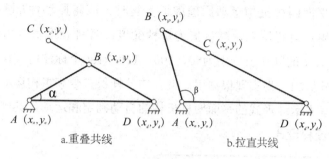

a.重叠共线　　　　　　　　b.拉直共线

图6-4　杆BC和杆CD的状态

6.3.2　平面四杆机构运动形式的判定及其原动件摆角的确定

根据不同杆长条件，平面四杆机构的基本运动形式可分为三种：曲柄摇杆机构、双曲柄机构和双摇杆机构。

曲柄摇杆机构是指机构的两个连架杆中一个为曲柄，另一个为摇杆。在该机构中，若以曲柄为原动件，可将曲柄的连续运动转变为摇杆的往复摆动；若以摇杆为原动件，可将摇杆的摆动转变为曲柄的整周转动。

双曲柄机构是指机构中的两个连架杆都是曲柄。此时，当主动曲柄做匀速转动时，从动曲柄则做变速运动。在双曲柄机构中，若相对两杆平行且长度相等，则称其为"平行四边形机构"。其特点是两曲柄以相同的速度做同方向的转动，连杆做平动，连杆上任一点的轨迹均为以曲柄长度为半径的圆。若两杆相对的长度分别相等，但不平行，则称其为"逆平行或反平行四边形机构"。当以长边为机架时，两曲柄沿着相反的方向转动，转速不相等；若以短边为机架，两曲柄沿相同的方向转动，其性能如同双曲柄机构。

双摇杆机构是指机构中的两个连架杆都是摇杆。此时，若两摇杆长度相等并最短，则构成在简易汽车或轮式拖拉机前轮转向机构中常用的等腰梯形机构。

在生活中得到广泛应用的多种平面四杆机构，都可以被认为是由上述三种运动形式的平面四杆机构演化而来，因此掌握平面四杆机构最基本的运动形式是机械教学的重要环节，只有奠定扎实的基础才能堆出更高的成绩。

在设计平面四杆机构运动原理虚拟实验时，应将原动件 l_1 设计为匀速转动，其值由用户自行输入，默认值为每秒60度；各种长度值也由用户自行输入，l_1、l_2、l_3、l_4 的默认值分别为50、100、120和150个标注值（像素点），为典型曲柄摇杆机构。为实现根据用户输入的各杆长参数和机构运动角速度来进行上述三种基本运动形式的平面四杆机构的自动判定和运动，其判断条件可以按图6-5所示流程设计。

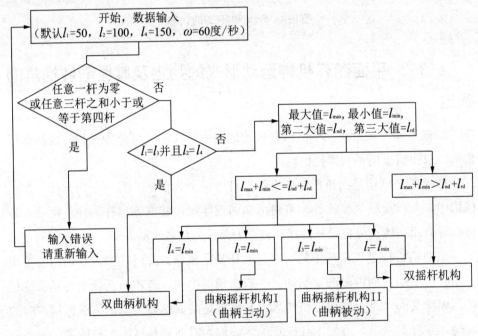

图6-5　平面四杆机构运动形式的判定

①若任意一杆长度为零或者任意三杆长度之和小于或等于第四杆，不能构成运动条件，将显示输入错误信息。

②若 $l_1=l_3$ 并且 $l_2=l_4$，则为双曲柄机构，即平行四边形机构，此时 $\theta_2=0$，原动件做匀速周转运动。

③若 $l_{max}+l_{min}\leqslant l_{nd}+l_{rd}$ 且 $l_4=l_{min}$，则为双曲柄机构，原动件做匀速周转运动。

④若 $l_{max}+l_{min}\leqslant l_{nd}+l_{rd}$ 且 $l_1=l_{min}$，则为曲柄摇杆机构（AB杆为曲柄），原动件做匀速周转运动。

⑤若 $l_{max}+l_{min}\leqslant l_{nd}+l_{rd}$ 且 $l_3=l_{min}$，则为曲柄摇杆机构（DC杆为曲柄），此时原

动件在 $[\alpha, \beta]$ 区间做匀速摆动。

⑥若 $l_{max}+l_{min} \leqslant l_{nd}+l_{rd}$ 且 $l_2=l_{min}$，则为双摇杆机构，此时原动件在 $[\alpha, \beta]$ 区间做匀速摆动。

⑦若 $l_{max}+l_{min} \leqslant l_{nd}+l_{rd}$，则为双摇杆机构。此时原动件的摆动情况分为两种，若 $l_1+l_4<l_2+l_3$，则摆动区间为 $[\alpha, 2\pi-\alpha]$；若 $l_1+l_4>l_2+l_3$，则摆动区间为 $[-\beta, \beta]$。

6.3.3 平面四杆机构连续运动的实现与机构运动线的动态模拟

平面四杆机构连续运动一般是指平面四杆机构在运动过程中能连续实现给定的各个位置。例如，在曲柄摇杆机构中，当曲柄AB连续回转时，摇杆CD可以在一定的范围内往复摆动；或者由于初始安装位置不同，也可能会在一个刚好相反的范围内往复摆动。为了避免出现类似位置不确定的问题，在系统设计过程中，应注意在每次确认输入的参数后，均让原动件的方位角 θ_1 回到零位置，且按逆时针方向开始运转，到达极限位置后再按同样的速度反向运转。按照逐帧动画的原理及人体视觉暂留时间等情况，应设置轴帧运动速度为每秒30帧，设计原动件为AB杆且匀速转动（即每隔1/30秒让 θ_1 变化 $\omega/30$ 个角度；其中 ω 为输入的转速，单位为度/秒），根据不同杆件长度判定情况，计算B、C、D各点的位置，再利用AS中的画线命令将各点用不同颜色的线连接起来形成各杆件。这样就实现了平面四杆机构的连续运动。

为了实现平面四杆机构运动线的动态模拟，平面四杆机构运动原理虚拟实验系统主体共设计了九帧脚本，如图6-6所示，第一帧、第二帧和之前的系统一致，分别为主界面和实验指导。第三帧为默认参数加载帧，支持默认状态下平面四杆机构的正常运动。第四帧为参与一次计算参数的加载，即对系统默认输入值的处理，能够生成对应的曲柄摇杆机构，还设计了"xsgj_an""ycgj_an"来显示轨迹或隐藏轨迹。第五帧为参与每次计算参数的加载，这一帧是根据用户输入的数据进行计算，判定平面四杆机构的具体类型，生成相应的机构简图，并按照对应的机构特性进行连续运动。第六帧为循环控制帧，可以随时回到第五帧，形成动态等待指令；若参数发生变化，能及时更新数据计算结果。

另外，这一帧还能实现在界面左下部分显示连杆环境小图与主显示区中连杆上E点的对应关系。第七、八、九帧为典型三帧动画设计，其中第七帧为参数默认值，第九帧为循环控制帧，第八帧为本虚拟实验的主要程序执行帧，主要实现平面四杆机构运动线的动态模拟。

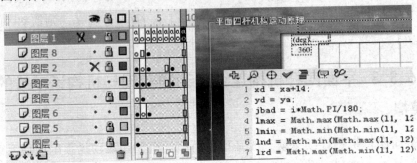

图6-6　平面四杆机构运动线的动态模拟功能开发界面

平面四杆机构运动原理虚拟实验可以根据不同杆件长度来判断机构的类型并按其规律运动，可动态地调节机构的运动速度，可显示连杆及其附近点的运动轨迹和速度，可查看各杆运动线图，对平面四杆机构的设计及平面四杆机构的轨迹研究具有重要意义。平面四杆机构运动原理虚拟实验系统的具体AS代码见附录A.4。

6.4　平面四杆机构运动原理虚拟实验系统
数据处理及进一步研究

在平面四杆机构运动时，连杆平面上的每一个点均能描绘出一条曲线，这条曲线被称为"连杆曲线"，如图6-7所示。[1]连杆曲线多种多样，很多工程中的几何曲线都可以通过连杆曲线复演，来满足机械设计对各种导向机构或其他机构运动规律的要求，从而设计出具有结构简单、加工容易、可靠性高等特征的能够完成一些特殊工作的机构或机械。

---

① 孙桓，陈作模，葛文杰. 机械原理（第八版）［M］. 北京：高等教育出版社，2013：131.

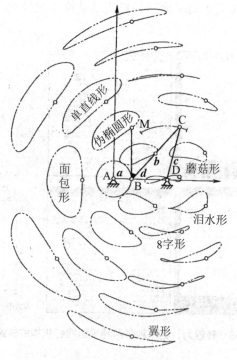

图6-7　连杆曲线

　　图6-8所示为当转速为120度/秒时两种平面四杆机构的轨迹比较。在图6-8（a）中，图的左侧显示l_1、l_2、l_3、l_4分别为100、170、150、200，图的右侧显示θ_4和$\overline{BE}$分别约为29.61和172.6，机构为曲柄摇杆机构，E点的位置轨迹为类似"8"字的封闭曲线。在图6-8（b）中，图的左侧显示l_1、l_2、l_3、l_4分别为180、240、170、200，图的右侧显示θ_4和$\overline{BE}$分别约为18.2和228.1，此时机构为双摇杆机构，E点的位置轨迹为类似"8"字但未封闭的曲线。能直观稳定地展示动态的连杆曲线，是平面四杆机构运动原理虚拟实验的优越性。

　　平面四杆机构运动原理系统中设置了一个数据的输出按钮，在调试模式中利用AS中的"trace"命令即可输出点E的坐标数据，而且可保留15位有效数字，其精度完全可以满足一般的研究要求。在研究连杆曲线的过程中，也可以将输出的数据作为原始数据，借助其他软件进行数据处理。图6-8中右侧的曲线就是采用Origin软件分别对该机构连杆上任意一点的运动轨迹数据进行处理后的结果。可以看到，它和平面四杆机构运动原理虚拟实验系统得到的动态曲线是一致的，因此能大大扩展平面四杆机构运动原理虚拟实验系统在机构轨迹研究方面的应用。

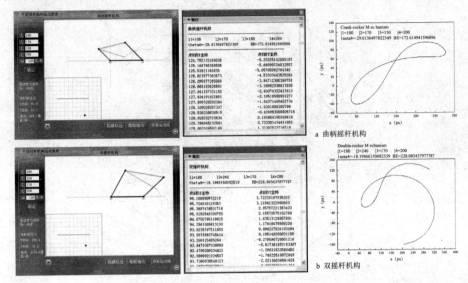

图6-8　转速为120度/秒时两种平面四杆机构的轨迹比较

　　为了清晰而又形象地了解平面四杆机构在整个运动循环中的运动变化规律，应画出平面四杆机构在整个运动循环中一系列位置的位移、速度和加速度（包括角位移、角速度和角加速度），以及相对时间或原动件转角的变化曲线图。这些曲线图被称为平面四杆机构的运动线图，这些图可以让人对平面四杆机构的位移、速度和加速度在一个运动循环中的变化情况一目了然，有利于进一步掌握平面四杆机构的运动性能。

　　为具有一定的可比性，这里采集了在原动件逐渐增大过程中（$\theta_1 \approx 130$ deg）平面四杆机构运动线在不同条件下的AS动态模拟图形，如图6-9所示，以对平面四杆机构运动线图进行部分分析研究。图6-9（a）、图6-9（b）、图6-9（c）显示了当l_1=50、l_2=100、l_3=120、l_4=150、ω_1=100 deg/s时采用该模拟方法得到的机构位移、速度和加速度图线。其中，图6-9（a）显示θ_1在0～360 deg的范围内做周期性旋转，θ_2在20～80 deg间摆动，θ_3在110～170 deg的范围内做周期性摆动，这说明该机构为曲柄摇杆机构；图6-9（b）显示当主动件的位置θ_1在约45 deg和220 deg时摇杆速度ω_3为0，而θ_1在约130 deg时速度达到最大（约为0.8 rad/s），此时摇杆加速度α_3为0，如图6-9（c）所示。图6-9（d）、图6-9（e）、图6-9

（f）显示当l_1=100、l_2=60、l_3=150、l_4=100、ω_1=100 deg/s时，采用该模拟方法
得到的机构位移、速度和加速度线图。其中，图6-9（d）显示θ_1在50～310 deg
之间做周期性摆动，θ_3在100～240 deg间摆动，θ_2在20～240 deg间摆动，说明该
机构为双摇杆机构。图6-9（e）显示速度线图关于x轴对称，即在摇杆处于极值
位置时突然受阻换向，速度和加速度都达到了极值。因为θ_1在50～310 deg之间
摆动，所以加速度线关于180 deg纵轴对称的结果如图6-9（f）所示。

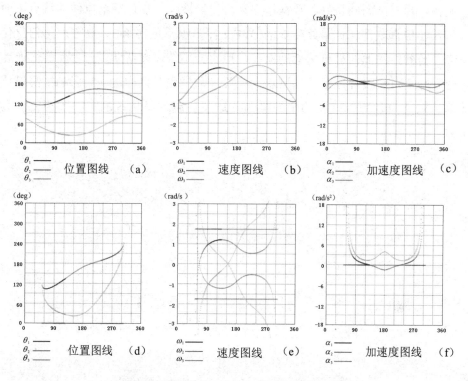

图6-9　不同条件下平面四杆机构运动线图

6.5　平面四杆机构运动原理虚拟实验系统特点

　　平面四杆机构运动原理虚拟实验系统是为了加强学生对平面四杆机构运
动原理理论知识的理解而开发的，能够让学生掌握不同杆长条件所形成的机构
类型及其运动规律，为学生设计平面四杆机构奠定一定的基础。平面四杆机构

运动原理虚拟实验系统实现了对平面四杆机构运动的精确模拟，可根据不同杆件长度自动判断平面四杆机构的类型并按其规律进行运动，可动态调节平面四杆机构的运动速度及方向（输入负值时运动方向相反），可动态显示连杆及其附近平面上任意一点的运动轨迹、速度及加速度，对于平面四杆机构的连杆曲线及运动线研究而言具有重要意义。平面四杆机构运动原理虚拟实验系统可广泛应用于机械教学、实验、设计验证等相关领域，其模拟的运动形象直观、运动流畅，具有画面质量好、数据精度高、交互性强、操作简单方便的特点，而且与其他仿真软件相比最终生成的SWF文件体积不足10 KB，易于网络信息化交流。另外，平面四杆机构运动原理虚拟实验系统可以帮助设计者非常快速地表达和验证机构设计原理，通过观测相关参数变化对机构运动的影响提高设计效率，以便设计更为优化的平面机构。这些优越性是传统的实物实验无法具备的。

参考文献

［1］孙桓，陈作模，葛文杰. 机械原理（第八版）［M］. 北京：高等教育出版社，2013.

［2］郭德伟. 平面四杆机构运动线的Flash ActionScript动态模拟［J］. 红河学院学报，2012，10（2）：44-48.

［3］李煜，曾红，孙博. 铰链四杆机构实验远程虚拟仿真的研究与实践［J］. 实验室科学，2020，23（1）：52-55.

［4］张帆. 铰链四杆机构运动仿真实验平台开发［J］. 科技视界，2018，（32）：162-163，165.

［5］赵世田，付莹莹，曾勇，等. 基于Simulink的四杆机构及连杆点的运动学仿真研究［J］. 煤矿机械，2017，38（5）：183-186.

［6］高英敏，马璇，张丽萍. 双摇杆机构极限摆角的确定［J］. 机械设计，2004，21（4）：51-53.

第7章　渐开线齿轮范成虚拟实验研究

7.1　渐开线齿轮范成传统实验

在了解渐开线齿轮范成传统实验之前，需要对齿轮机构有大致的了解。齿轮机构是各种机构中运用最为广泛的一种传动机构，它依靠轮齿齿廓的直接接触来传递空间任意两轴间的运动和动力，并具有传递功率范围大、传动效率高、传动比准确、使用寿命长、工作可靠等优点，但也存在对制造和安装精度要求高以及成本较高等缺点。[①]齿轮机构是一种在很早就得到运用的传动形式，我国早在公元前400年左右就已经开始将齿轮用在天文仪器上，如作为我国古代科学技术成就的指南车和记里鼓车就是以齿轮机构为核心的机械装置。[②]然而，直到17世纪末，人们才开始研究能够准确传递运动的齿轮形状。在18世纪，欧洲工业革命以后，齿轮机构的应用日益广泛，出现了许多新的齿轮齿形，如摆线齿形和渐开线齿形。目前，仍有许多学者在继续研究新的齿形。

齿轮机构的类型有很多，对于由一对齿轮组成的齿轮机构，可以依据两齿轮轴线的相对位置分为平行、相交和交叉三种，对应出现了直齿轮、人字齿轮、锥齿轮、斜齿轮、蜗轮蜗杆等类型的齿轮。在这些齿轮中，圆柱齿轮的齿

---

① 孙桓，陈作模，葛文杰. 机械原理（第八版）［M］. 北京：高等教育出版社，2013：195.

② 陆敬严. 中国古代机械文明史［M］. 上海：同济大学出版社，2012：153.

面与垂直于其轴线平面的交线为齿廓，也可以简单地将其理解为齿的轮廓形状。齿廓与齿轮的啮合、强度以及齿轮的传动效率等有直接的关系，根据齿廓啮合基本定律可知，齿轮的瞬时传动比与齿廓的形状有关，可以通过齿轮曲线来确定齿轮的传动比，也可以根据给定的传动比来设计齿轮。渐开线齿廓因具有传动性能良好，便于制造、安装、测量和互换使用，齿廓间正压力方向不变，传动平稳等特点，被广泛应用于实际工程中。

现代齿轮加工方法有很多，如铸造、模锻、冲压、冷轧、热轧、切削加工、粉末冶金、3D打印等。其中，切削加工是最常用的方法，按原理还可以细分为仿形法和范成法。仿形法又称"成形法"，是指在铣床上利用刀刃形状与被切齿轮的齿槽两侧齿廓形状相同的铣刀逐个对齿槽进行切削加工。该方法生产效率低，被切齿轮精度依赖于刀具形状，刀具的磨损等对齿廓的影响较大，适合单件精度不高或大模数的齿轮加工。范成法又称"展成法"，是目前齿轮加工中最为常见的一种方法，如滚齿、插齿等。它是利用一对齿轮（或齿轮与齿条）互相啮合时共轭齿廓互为包络线的原理来加工齿轮的方法。在机械基础课程的学习中，齿轮范成实验是齿轮部分的重要实验，而范成原理又是该内容的重点与难点。通过齿轮范成实验，学生可以更好地理解、掌握用范成法加工渐开线齿廓的切削机理，并对齿廓的形成过程产生清晰的认识。

传统的齿轮范成实验在一对齿轮相互啮合时，将其中一个齿轮或齿条做成刀具，将被加工齿轮作为轮坯。刀具与轮坯在机床链的作用下，一方面做和一对真正的齿轮互相啮合传动一样的定传动比传动；另一方面做径向进给运动并沿轮坯的轴向做切削运动，这样切出的齿廓就是刀具刀刃在各个位置的包络线。若将渐开线作为刀具的齿廓，则其包络线亦为渐开线。由于在实际加工时，看不到刀刃在各个位置形成包络线的过程，故通过如图7-1所示的范成仪来实现轮坯与刀具之间的传动过程，并用铅笔将刀具刀刃的各个位置所形成的包络线轨迹描绘在毛坯纸上，这样就能清楚地看到渐开线齿廓形成的过程。[①]

---

① 傅燕鸣. 机械原理与机械设计课程实验指导（第2版）[M]. 上海：上海科学技术出版社，2017：31.

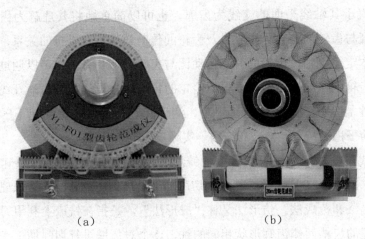

（a）　　　　　　　　（b）

图7-1　齿轮范成仪

一般的齿轮范成仪所用的刀具模型为齿条型插齿刀，具有不同的模数、齿顶高系数和顶隙系数等齿形参数。齿轮范成仪的圆盘代表齿轮加工机床的工作台，固定在它上面的圆形纸代表被加工齿轮的轮坯，它们可以绕机架上的轴线转动。齿条代表切齿刀具，安装在滑板上，移动滑板时，齿轮齿条使圆盘与滑板做纯滚动，用铅笔依次描下齿条刃廓的各瞬时位置，即可包络出渐开线齿廓。齿条刀具可以相对于圆盘做径向移动，当齿条刀具中线与轮坯分度圆之间的移距为xm时（由滑板上的刻度指示），被切齿轮分度圆则与刀具中线相平行的节线相切并做纯滚动，可切制出标准齿轮（$xm=0$）或正变位（$xm>0$）、负变位（$xm<0$）齿轮的齿廓。

然而，齿轮范成仪面临着设备老化、破损等问题，且存在一定的局限，如实体范成仪一般只有两把齿刀，意味着只能加工两类齿轮轮廓，变位不准确等。

7.2　渐开线齿轮范成虚拟实验系统结构及其界面设计

采用AS技术开发的渐开线齿轮范成虚拟实验系统可以根据用户输入的数据

形成新齿刀，不受数量限制，可实现对多种轮廓的比较，而且变位准确，完全可以弥补传统设备的不足。[①]寇尊权等人采用VB开发了齿轮插刀加工内齿轮的范成仿真实验系统；武照云等人和李梦如等人则采用C#结合Unity3D开发了相应的虚拟实验，其各自优势请读者自行比较。[②③]

　　开发渐开线齿轮范成虚拟实验系统的目的是让学生掌握用范成法加工渐开线齿轮的基本原理，观察齿廓的渐开线及过渡曲线的形成过程；了解渐开线齿轮产生根切现象和齿顶变尖现象的原因及用变位修正法避免发生根切的方法；分析、比较渐开线标准齿轮和变位齿轮齿形的异同点；分析比较分度圆、模数不同情况下几种标准渐开线齿轮和变位齿形的异同。根据渐开线齿轮范成实验大纲及要求设计的渐开线齿轮范成虚拟实验系统的结构及界面如图7-2所示。采用部分展开状态的齿轮轮廓简图作为渐开线齿轮范成虚拟实验的LOGO，体现了该虚拟实验的主题。渐开线齿轮范成虚拟实验系统的结构主要包括新手导航、实验指导、进行实验和齿廓比较四个部分。其中软件导航和实验指导两部分构架与前文所述的虚拟实验系统相似，这里不再赘述。

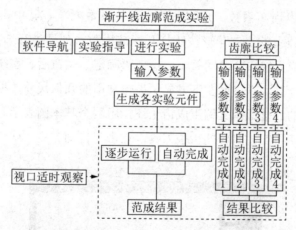

图 7-2　渐开线齿轮范成虚拟实验系统结构及界面

　① 郭德伟，柯建宏，江洁. 基于 Flash ActionScript 技术的齿轮范成虚拟实验 [J]. 制造业自动化，2012，34（18）：56-58.

　② 寇尊权，王顺柴，博森，等. 渐开线内齿轮范成仿真 [J]. 实验室研究与探索，2018，37（4）：90-93.

　③ 武照云，李丽，朱红瑜，等. 机械原理与设计虚拟仿真实验教学平台的设计 [J]. 实验技术与管理，2017，34（8）：121-124.

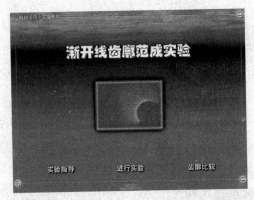

图7-2 渐开线齿轮范成虚拟实验系统结构及界面（续）

"进行实验"部分主要反映了渐开线齿轮范成实验的过程。用户输入或选择相关齿轮的设计参数之后，即可获得齿轮的相关几何尺寸；选择"逐步运行"或"自动完成"齿条型刀具范成的轨迹，即可形成渐开线齿轮的轮廓。

在图7-3所示的实验过程界面中可以看到渐开线齿廓参数输入界面。用户可以在左侧上部输入一般标准渐开线圆柱齿轮的设计参数，具体包括模数、齿数、压力角、齿顶高系数、顶隙系数、变位系数六项。其中，模数还可以通过点击输入框边上的小三角形按钮打开标准模数系列框进行选择（如图7-4所示），选择完成后窗口会自动关闭。点击"确定"按钮后，系统将按照输入的设计参数进行计算，在界面左下方显示齿轮常用的几何尺寸数据，并按最大化显示整个齿轮的最佳显示比例生成齿轮坯，用四个基本圆表示。点击右下角的"展成"按钮，将产生对应的齿条刀具，点击"自动完成"或"逐步运行"将形成齿廓形状。

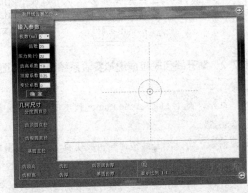

图7-3 实验过程界面

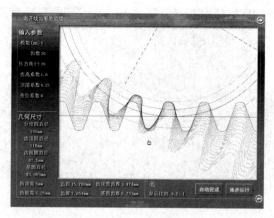

图7-3　实验过程界面（续）

请选择模数

	0.1	0.12	0.15	0.2	0.25	0.3	0.4	0.5	0.6	5
第一系列	1	1.25	1.5	2	2.5	3	4	5	6	5
	10	12	16	20	25	32	40	50		
第二系列	0.35	0.7	0.9	1.75	2.25	2.75	(3.25)	3.5	(3.75)	4.5	5.5
	(6.5)	7	9	(11)	14	18	22	28	(30)	36	45

图7-4　齿轮模数选择界面

　　整个主界面均可通过点击鼠标左键进行位置拖动，通过转动鼠标滚轮实现放大和缩小。在界面正下方可以查看显示比例，点击放大镜图标即可回到"最佳显示"效果，以便对齿廓形状进行观察和研究。

　　在"齿廓比较"部分，学生可以根据需要了解不同设计参数对齿廓形状及齿轮几何尺寸的影响。齿廓比较界面如图7-5所示。在该界面中，可同时输入不超过四种参数，生成不同的齿廓形状以进行比较。在比较过程中，将鼠标移到相应的轮廓图上，即可显示该轮廓相关几何参数；使用鼠标来进行相应移动和缩放，可以取得更好的观察效果。

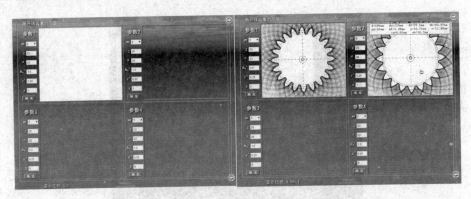

图7-5　齿廓比较界面

7.3　渐开线齿轮范成虚拟实验系统部分主要功能的实现

7.3.1　齿轮坯的设计

标准渐开线圆柱齿轮的设计参数主要有模数m、齿数Z、压力角α、齿顶高系数h_a^*、顶隙系数c^*、变位系数x等。

模数是齿轮的重要参数，是齿距p与π的比值，即

$$m=p/\pi \tag{7-1}$$

压力角是决定齿廓形状的主要参数，国家标准《通用机械和重型机械用圆柱齿轮 标准基本齿条齿廓》（GB/T1356—2001）规定，分度圆上的压力角为标准值，取$\alpha=20°$，特殊情况下也可以采用其他值。

齿顶高系数是齿轮的齿顶高与其模数的比值。

在一对啮合传动的齿轮副中，一个齿轮的齿顶圆与另一个齿轮的齿根圆之间的径向距离被称为顶隙，而顶隙系数是指顶隙与模数的比值。国家标准《通用机械和重型机械用圆柱齿轮 标准基本齿条齿廓》（GB/T1356—2001）规定，顶隙系数的默认标准化值$h_a^*=1$和$c^*=0.25$，但可进行修改。

变位系数可以改变齿条刀具与齿轮坯的相对位置。

渐开线标准齿轮的几个基本直径分别为分度圆d、齿顶圆d_a、齿根圆d_f和基圆d_b，可得以下关系式：

$$d=mz \tag{7-2}$$

$$d_a=(z+2h_a^*)\ m \tag{7-3}$$

$$d_f-(Z-2h_a^*-2c^*)\ m \tag{7-4}$$

$$d_b-d\cos\alpha \tag{7-5}$$

根据以上关系，可以用四个不同颜色的圆及相互垂直的中心对称轴来表示齿轮坯。其中，红色为分度圆，绿色为齿顶圆，灰色为齿根圆，蓝色为基圆。确定各圆的中心时，需要先在主区域确定中心对称轴，再根据对称轴的中心确定各圆的中心。图7-6所示为采用默认值时，即模数、齿数、压力角、齿顶高系数、顶隙系数和变位系数分别为5、20、20、1、0.25和0时齿轮坯的表示。在实验过程中，齿轮坯的旋转主要通过其中心对称轴的旋转来实现。

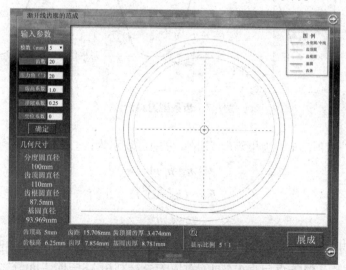

图7-6　采用默认值时齿轮坯的表示

7.3.2　齿条型刀具的设计

齿条相当于齿数无穷多的齿轮，齿轮中的圆在齿条中都是直线，但它们之间的关系仍和齿轮一致。齿条的齿廓是直线，因此齿廓上各点的法线是平行的；又因为齿条做直线移动，故齿廓上各点的压力角相同，等于齿廓直线的齿

形角α。齿条上各同侧齿廓是平行的，因此在与分度线平行的各直线上齿距相等，即

$$p=\pi m \tag{7-6}$$

根据国家标准《通用机械和重型机械用圆柱齿轮 标准基本齿条齿廓》（GB/T1356—2001），齿条型刀具的设计如图7-7所示。刀具的实际刀顶线应比普通齿条顶线高出一个高度为c^*m的圆角部分，以便切出传动时的顶隙部分。其中，圆角半径取$p=0.38m$。

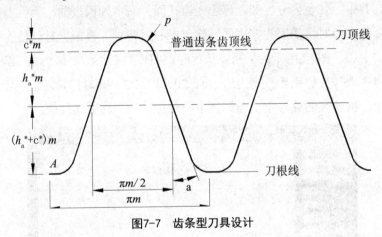

图7-7 齿条型刀具设计

此时，齿顶高h_a、齿根高h_f、顶隙c分别可表示为：

$$h_a=h_a^*m \tag{7-7}$$

$$h_f=(h_a^*+c)\ m \tag{7-8}$$

$$c=c^*m \tag{7-9}$$

在利用AS技术开发渐开线齿轮范成虚拟实验系统时，应注意先确定最左端点A的坐标及其他各点与点A之间的对应关系，利用AS中的"line直线"命令和"curve曲线"命令绘出一个齿距间的完整齿形，再通过复制形成齿条型刀具，并将其放到一个影片剪辑中，以便控制。

7.3.3 范成过程设计

在渐开线齿轮范成虚拟实验系统中，齿条刀具的范成采用了"逐步运行"和"自动完成"两种实现方式。从图7-8（a）中可以看出，采用"逐步运行"方式时，每单击一次按钮都会让齿轮坯顺时针转动θ个角度形成步进，让相应

的自动生成的齿条型刀具向左移动$\theta\pi d/2$距离，同时将齿条型刀具左移前的轨迹（透明度为20%的复制的齿条型刀具）留在齿轮坯上并随齿轮坯步进旋转，这一过程类似于实体齿轮范成仪的画线过程。图7-8（b）显示了一次性"自动完成"整个齿轮的范成结果，其中步进角度θ的取值决定了齿轮范成最终获得的渐开线齿廓的精度，取值越小则精度越高。但是，"自动完成"方式的运算量较大，会减缓计算机的运行速度。经过多次测试，$\theta=2°$时完全能满足实验要求。

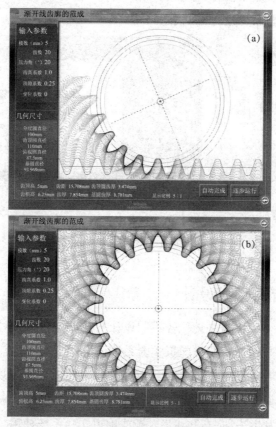

图 7-8　齿轮范成界面

基于 AS 的渐开线齿轮范成虚拟实验系统共设计了八帧来实现所有功能，如图7-9所示。其中，输入文本为动态文本，显示及输出文本为静态文本。第一帧、第二帧分别为主界面和实验指导。第三帧为默认参数加载帧，规定了所有输入的数值规范，以实现出错体现功能；输入确定按钮实现了对输入数据的处理、对齿轮坯各圆的绘制、对齿条刀具分度线位置的确定。第四帧主要实现齿条刀具的生成。第五、六、七帧形成了一个循环，通过按钮"自动完成"和"逐步运行"分别进行控制，通过鼠标左键及滚轮实现视图的放大和缩小。其中第五帧主要通过"duplicateMovieClip"函数实现了齿条轨迹的复制，模拟了传统实验中手动划线的过程；第六帧主要为循环控制帧，可由"逐步运行"按钮跳转回第五帧，由按钮"自动完成"跳转到第七帧，一次性自动完成齿廓形状的绘制。第八帧主要实现齿廓形状的一次性生成和比较。具体的 AS 程序代码见附录 A.5 渐开线齿轮范成虚拟实验的 AS 代码。

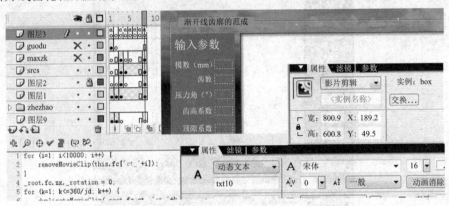

图 7-9　渐开线齿轮范成虚拟实验系统开发界面

7.3.4 齿廓比较设计

为了让学生可以更直观地比较不同设计参数下齿轮范成对齿廓及齿轮几何尺寸的影响，渐开线齿轮范成虚拟实验系统还设计了齿廓比较功能，可同时实现四种不同参数下的范成结果。需要注意的是，与进行实验模块中"自动完成"齿轮范成的设计原理一样，齿廓比较也只是在同一个页面上来实现比较。考虑到相互之间可能发生干涉，渐开线齿轮范成虚拟实验系统使用了多层遮罩功能，保证了各自的独立性；同时，考虑到比较的需要，各齿轮都采用了共同的缩放比例以保证它们之间的联动性。这样一来，在经过视口的缩放操作后，仍能直观地比较各齿的形态。在齿廓比较界面，将鼠标移动至相应的齿轮上，即可获得该齿轮的相关几何尺寸，从而在具体数据方面对齿轮进行进一步比较。

用范成法切制齿轮时，有时刀具的顶部会过多地切入轮齿的根部，将齿根的渐开线齿廓切去一部分，这种现象被称为"轮齿的根切"，有可能导致齿轮的抗弯强度降低，对传动不利。因此，应尽量避免出现根切现象。对于如何理解这种根切现象、为什么 17 齿是标准齿轮不发生根切的最少齿数、如果出现根切要如何进行变位设计等问题，都可以通过渐开线齿轮范成虚拟实验系统产生直观的理解。图 7-10 显示了在分度圆直径都相同时不同设计参数情况下齿轮及其齿廓的异同。图 7-10（a）为所有齿廓的整体形态，图 7-10（b）为局部放大形态。其中参数 1 和参数 2 除齿数不同之外，其他参数均相同，且均没有变位。进行比较后发现，在齿轮设计中，齿数越少单齿就越大。另外，由于参数 2 中的齿数仅为 10 齿，少于 17 齿，出现了明显的根切现象。参数 1、参数 2 和参数 3 除变位系数不同之外，其他参数均相同，其中参数 3 和参数 4 中齿轮存在正负径向变位的情形。通过比较可以发现，正变位齿轮的齿厚明显增加，齿顶更尖；而负变位齿轮齿厚则明显减小，且出现了明显的根切现象。

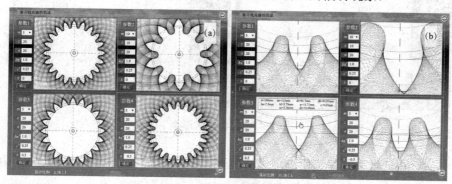

图 7-10　齿廓比较界面

7.3.5 视口缩放设计

对于一个好的渐开线齿轮范成虚拟实验系统而言，对视口适时观察的设计是非常重要的。无论是在进行实验的过程中还是在齿廓的比较过程中，渐开线齿轮范成虚拟实验系统都应可以通过点击鼠标左键，并配合鼠标滚轮实现齿轮的平移和缩放，轻松实现对视口内容的适时观察，较为清晰地展现各部分齿廓的形状。若点击"最佳显示"按钮，界面将返回显示整体齿轮的最佳比例状态。有了这项适时观察功能，设计人员所关心的齿轮是否存在根切的问题就会迎刃而解。图7-11显示了进行实验界面中范成后齿廓的放大形态。在图7-11（a）中，$m=10$，$z=10$，$x=10$，其他参数为默认标准值。可以看到，由于设计齿数少于17齿，在基圆以下齿廓明显向内凸起，齿根厚度减小，存在明显的根切现象。若采用正变位修正法使变位系数$x=0.42$，其他参数保持不变，则根切现象可以得到明显改善，但齿廓的形状发生了变化，如图7-11（b）所示。对比界面上显示的齿轮几何尺寸数据可以发现，在保持齿高不变的情况下，正变位齿轮齿顶高增加，齿根高减小，分度圆齿厚和基圆齿厚都有所增加，而齿顶圆齿厚则明显减小。在实验过程中，学生可将这些相关几何尺寸数据记录在实验报告中，以便分析总结各齿轮设计参数对齿廓的影响，进一步分析变位齿轮的特征。

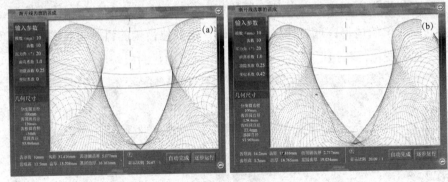

图 7-11　齿廓放大形态

　　总之，通过渐开线齿轮范成虚拟实验进行分析，可让学生的学习过程充满趣味，让学生对知识点的掌握变得更加容易。

7.4　渐开线齿轮范成虚拟实验系统特点

　　开发渐开线齿轮范成虚拟实验系统的目的是观察齿廓的渐开线及过渡曲线的形成过程，了解渐开线齿轮产生根切现象和齿顶变尖现象的原因及用变位修正法来避免发生根切的方法。在机械式范成仪上，模数 m、齿数 z、压力角 a、齿顶高系数 h_a^*、顶隙系数 c^* 都是固定的，只有变位系数 x 可以调整。因此，机械式范成仪能够发挥的作用仅仅是验证范成法原理，不能使学生充分认识齿轮设计参数与齿廓曲线的关系，准确理解、正确掌握齿轮设计参数的作用。[①] 而基于 AS 的渐开线齿轮范成虚拟实验系统能较好地克服传统机械式范成仪的不足，能直观、动态地模拟齿轮的范成加工情况，并能充分展示齿轮设计参数对于渐开线齿廓曲线的影响规律，从而更好地达到实验教学目的。渐开线齿轮范成虚拟实验系统还可实现在不同设计参数下对齿廓的比较，而且无论是在进行范成的过程中还是在齿廓的比较过程中，都可通过点击鼠标左键，并配合鼠标中键滚轮实现齿轮的平移和缩放，轻松实现对视口内容的适时观察，较为清晰地展现各部分的齿廓形状。

---

① 李梦如，陈茂林，陈哲，等. 渐开线齿轮范成原理虚拟实验建立 [J]. 实验室研究与探索，2019，38（10）：115-119.

参考文献

[1] 孙桓，陈作模，葛文杰.机械原理（第八版）[M].北京：高等教育出版社，2013.

[2] 陆敬严.中国古代机械文明史[M].上海：同济大学出版社，2012.

[3] 傅燕鸣.机械原理与机械设计课程实验指导（第2版）[M].上海：上海科学技术出版社，2017.

[4] 郭德伟，柯建宏，江洁.基于Flash ActionScript技术的齿轮范成虚拟实验[J].制造业自动化，2012，34（18）：56-58.

[5] 寇尊权，王顺柴，博森，等.渐开线内齿轮范成仿真[J].实验室研究与探索，2018，37（4）：90-93.

[6] 武照云，李丽，朱红瑜，等.机械原理与设计虚拟仿真实验教学平台的设计[J].实验技术与管理，2017，34（8）：121-124.

[7] 李梦如，陈茂林，陈哲，等.渐开线齿轮范成原理虚拟实验建立[J].实验室研究与探索，2019，38（10）：115-119.

[8] 谭伟明，唐东炜，吴楷.齿轮范成实验的一种图形仿真系统[J].实验技术与管理，2011，28（8）：73-75.

第8章 机械加工误差统计分析虚拟实验研究

8.1 机械加工误差统计分析传统实验

在了解机械加工误差统计分析传统实验之前，要了解什么是加工误差。生产任何一种机械产品，都要在保证质量的前提下，做到高效率、低消耗。这是因为产品的质量是第一位的，没有质量，高效率、低成本就失去了意义。产品的质量一般体现在加工误差上。加工误差是指加工后的实际几何参数（尺寸、几何形状和相互位置）与理想几何参数之间的偏差。需要注意的是，任何加工和测量都会不可避免地出现误差。

在实际的生产中，影响加工误差的工艺因素错综复杂。产品的机械加工是在由机床、刀具、夹具和工件组成的工艺系统内完成的，而工艺系统的各种误差会以不同的程度和方式反映为产品的加工误差。工艺系统的误差称为"原始误差"，是加工前和加工过程中工艺系统存在的诸多误差的统称。原始误差包括与工艺系统原始状态有关的原始误差和与工艺过程有关的原始误差两个部分，还可进一步细分为采用了近似的成型运动或近似的刀刃轮廓进行加工而产生的原理误差、工件在装夹过程中产生的装夹定位误差、调整刀具与工件之间的位置而产生的对刀调整误差、刀具制造安装等带来的误差、夹具的制造安装等带来的误差、工件或毛坯待加工表面本身的形状误差或与其有关的表面的位置误差等带来的工件误差、机床制造或安装造成的误差、长期使用后的磨损等带来的机床误差（主要体现为主轴回转误差、导轨导向误差、传动误差），以及工艺系统受力变形（包括夹紧变形）、工艺系统受热变形、工件残余应力引起的变形造成的误差等。[①]这些误差相互交错，共同形成了产品最终的加工误差。

根据加工误差在产品上的表现形式，又可以将其分为系统误差和随机误差两类。系统误差是指在顺序加工产品时，大小和方向均不改变，或按一定规律变化的加工误差。若能掌握系统误差的大小和方向，就可以通过调整消除常值性系统误差；若能掌握系统误差的大小、方向以及随时间变化的规律，就可以通过采取自动补偿措施消除变值性系统误差。随机误差是指在顺序加工产品时，大小和方向随机变化的加工误差。随机误差是由工艺系统中的随机因素引起的加工误差，是许多相互独立的工艺因素微量地随机变化和综合作用的结果。例如，毛坯的余量大小不一致或硬度不均匀将引起切削力的变化，而在变化的切削力的作用下，由工艺系统的受力变形导致的加工误差具有随机性，属于随机误差。

加工误差的单因素分析法是指在错综复杂的生产中逐项分析产生加工误差的各项因素及其物理力学本质，找出造成加工误差的主要因素，以便进一步采取措施消除加工误差的方法。然而，在实际的生产中，很难用单因素分析法来分析计算每一工序的加工误差，因为造成加工误差的因素比较复杂，原始误差很多，这些原始误差往往是交错在一起对加工误差产生综合影响的，而且其中不少原始误差都具有随机性。因此，不能仅用单因素分析法来消除受多个随机性原始误差影响的工艺系统的加工误差，而是要用概率统计方法进行综合分析，从而找出造成加工误差的真正原因并加以消除。

机械加工误差统计分析实验就是通过加工误差的表现形式来研究造成误差的原因的有效途径。在机械教学方面，机械加工误差统计分析实验有利于学生巩固已学过的机械加工误差统计分析法的基本理论，掌握运用机械加工误差统计分析法的步骤，提高使用机械加工误差统计分析法判断问题的能力。[②]通过机械加工误差统计分析实验，学生应掌握绘制工件尺寸实际分布图的方法，

① 张世昌，李旦，张冠伟．机械制造技术基础（第三版）[M]．北京：高等教育出版社，2014：177．

② 尹明富．机械制造技术基础实验[M]．武汉：华中科技大学出版社，2008：68．

并能根据分布图分析加工误差的性质，计算工序能力系数、合格品率及废品率等，从而提出工艺改进措施；应掌握绘制$\bar{X}$-R点图的方法，能根据$\bar{X}$-R点图分析工艺过程的稳定性。

传统的机械加工误差统计分析实验是在机床上让每个学生自己动手加工相应数量的样件，如采用C6140车床加工100个如图8-1所示的直径为$10^{0}_{0.25}$ mm的定位销轴零件，并按加工顺序进行标识；加工完成后分别测量各零件实际直径的值，得到统计的样本数据，再进行加工误差统计和分析。整个实验耗时较长，成本较高，很多地方高校都没有基本的机床设备，也没有足够的资金来维持如此庞大的实验用耗材。因此，在机械教学中，往往由教师指定一系列数据来进行机械加工误差统计分析实验。但是，由于数据长期得不到更新，学生的统计分析结果同质化严重，有必要开发基于AS的机械加工误差统计分析虚拟实验系统。该系统可自动生成统计样本数据，确保每个学生每次的运行结果数据都不一样，从而有效避免学生实验数据的同质化；该系统还能自动进行统计结果分析，大大降低了实验成本，还减轻了授课教师审阅学生统计实验结果的负担。[①]

图8-1　定位销轴样件

① 郭德伟，江洁，闵洁．等．基于 Flash ActionScript 机械加工误差统计分析实验的设计与开发［J］．制造业自动化，2012，34（13）：125-129．

8.2 机械加工误差统计分析虚拟实验系统结构及其界面设计

根据机械制造技术基础课程的实验教学大纲设计的机械加工误差统计分析虚拟实验系统的结构与界面如图8-2所示。界面正中间的LOGO是一个中间粗两端细的鼓形零件，体现了加工误差的主题，能够吸引学生快速进入实验的主题。机械加工误差统计分析虚拟实验系统主要包括软件导航、实验指导、进行实验和数据处理四个部分。其中，软件导航和实验指导与前文所述的系统相似，在此不再赘述。

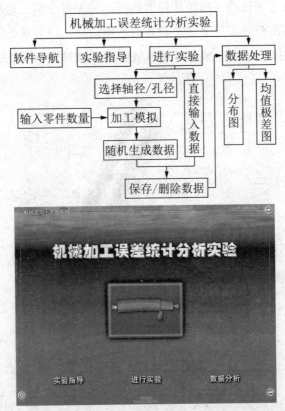

图8-2 机械加工误差统计分析虚拟实验系统结构及界面

　　"进行实验"部分主要是通过选择模拟加工的轴系或孔系零件，得到具有一定规律的随机数据，或者根据实际加工零件得到的数值直接输入数据，将数据保存在本地计算机中，以便再次使用。图8-3所示为数据选择界面，主显示区显示实验基本原理及重要的信息处理方式，这里主要考虑到为确保数字储存的完备性需要采取的对PC系统的简单设置。左侧的三个按钮可供用户选择，如果选择"加工轴径"，则后续系统生成的样本尺寸数据基本是上偏差为零的；如果选择"加工孔径"，则生成的样本尺寸数据是下偏差为零的。这里的样本尺寸数据是根据传统加工过程中基准制的选择得出的。

图8-3　数据选择界面

　　为了便于生产、实现零件的互换性及满足不同的使用要求，相关国家标准规定了公差带由标准公差和基本偏差两个要素组成，标准公差确定公差带的大小，而基本偏差确定公差带的位置。[①]国家标准还规定了基孔制和基轴制两种配合制度。基孔制是指基本偏差为一定的孔的公差带与不同基本偏差的轴的公差带形成各种配合的一种制度，特点是任何尺寸段和任何公差等级的基准孔的下偏差皆为零，由改变轴的基本偏差以获得不同的配合；基轴制是指基本偏差为一定的轴的公差带与不同基本偏差的孔的公差带形成各种配合的一种制度，特点是任何尺寸段和任何公差等级的基准轴的上偏差皆为零，由改变孔的基本偏差获得不同的配合。工程中通常优先选用基孔制以限定定制刀具、量具的数量和规格；基轴制一般只用于具有明显经济效益的场合和结构设计要求不适合

———————————————
　　①　廖念钊. 互换性与技术测量（第六版）［M］. 北京：中国质检出版社，2012：28.

采用基孔制的场合。也正因如此，机械加工误差统计分析虚拟实验系统才对生成的统计样本数据进行了上下偏差为零的处理。不管选择孔径还是直径，都会先随机生成一个理想的尺寸。这个值虽然是用户想要加工的值，但并不一定是实际加工后得到的值。然后，输入想要加工的数量，即实验中统计的样本数目，建议在100左右。

确认输入后，将进入如图8-4所示的加工模拟界面，主要是让用户通过观看视频了解加工过程及状态。图8-4（a）展示了利用两顶尖装夹方式车削轴系外圆的加工过程，图8-4（b）展示了利用高精度镗刀加工孔系的过程。

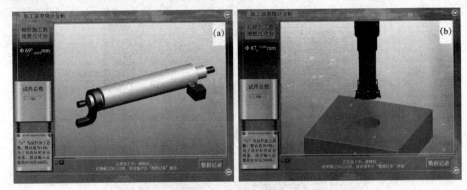

图8-4　加工模拟界面

点击"数据记录"后能自动生成与输入样本数量相同的数据，每十个数据为一排。点击"保存数据"将显示如图8-5所示的保存信息输入框，输入相应用户信息并确认后将在左侧名称目录中进行显示，点击即可在主显示区域显示具体数值，在下方显示理想加工尺寸及样本数量。

图8-5　数据保存界面

　　如果实验样本是按照传统方法通过机床实际加工而来的，机械加工误差统计分析虚拟实验系统也可提供数据处理分析功能。在图8-3所示的界面中点击"输入数据"按钮，将进入等待输入数据的界面。在用户输入理想的尺寸和数量后，主显示区将显示相应数量的输入文本框。若输入数据不完整，将无法进行数据的保存，并有提示信息进行反馈，以便用户检查数据是否输入完整。

　　主界面中的"数据分析"是对之前保存的样本数据进行分析处理的模块，能自动作出所需直方图和点态分布图。点击进入后点击左侧目录树，选择想要进行分析的数据，主显示区就会显示具体数字。点击右下角的"数据分析"按钮，系统会提示输入密码，这个设计是考虑到防止学生在实验过程中提前查看结果，从而影响实验效果。输入正确的密码后，软件默认显示图8-6（a）所示的加工误差统计分析图；点击"查看点图法"并选择每组件数，可查看如图8-6（b）所示的点图模式，即加工误差的均值极差图。将鼠标移动至相应位置，将显示该范围所对应的统计数据，使结果更加清晰；界面正下方则显示了可供参考的分析结果。

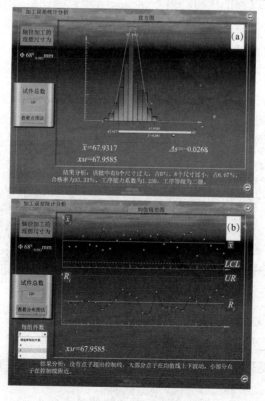

图8-6　数据处理参考结果界面

8.3 机械加工误差统计分析虚拟实验系统
部分主要功能的实现

8.3.1 机械加工过程模拟设计

基于AS的机械加工误差统计分析虚拟实验系统共设计了十一帧来实现所有功能，如图8-7所示。其中，输入文本为动态文本，显示及输出文本为静态文本。第一帧、第二帧分别为主界面和实验指导。第三帧是基本信息展示并实现选择数据形式的功能。第四帧主要利用"randomNum"实现理想尺寸的自动随机生成。为保证整体实验效果，基本尺寸值一般在10～90之间。第五帧主要用来实现对模拟加工过程的控制。第六帧主要用来实现样本数据的生成和排列。第七帧主要用来实现对外部输入数据的排序和检测。第八帧主要用来实现数据的存储与删除。第九帧主要用来实现对存储数据的读取。第十帧主要用来实现在采用分布图法时对数据的处理、直方图的绘制，以及对对应加工工序、能力及合格率等的分析。第十一帧主要用来实现采用点图法时对数据的处理、均值极差图的绘制以及对应的系统稳定性分析。

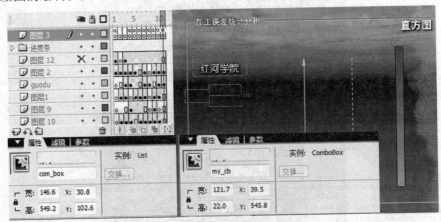

图8-7 机械加工误差统计分析虚拟实验系统开发界面

为了使机械加工误差统计分析虚拟实验的过程更为真实，机械加工误差统计分析虚拟实验系统设计了一个模拟加工的过程。该模拟过程先采用Pro/E软件建立基本的所需模型，包括加工刀具、装夹设备和工件等，如图8-8所示；再按照实际加工情况进行虚拟装配，并利用运动仿真功能进行加工过程的运动模拟。在机械加工误差统计分析虚拟实验系统中，若选择"加工轴径"，将模拟销轴类零件表示粗加工的车削外圆表面加工和表示精加工的磨削外圆表面加工两道工序的加工过程；若选择"加工孔径"，将模拟表示孔系粗加工的钻削加工和表示精加工的镗削加工过程。为实现这一功能，需要将这些加工过程制作成相应的动画文件，并存为flv格式；然后利用AS绘制进度及控制按钮等；最后整合各元素，实现对动画模拟文件的播放控制。这里机械加工误差统计分析虚拟实验系统采用的技术和方法与机构与机构组成认知虚拟实验系统一致。

图8-8　虚拟加工刀具

8.3.2　实验数据来源

机械加工误差统计分析虚拟实验系统中的实验样本数据来源于两个方面。如果实验设备材料充足，实际加工后即可获得每个零件相应的实际尺寸。此时，通过点击图8-3所示界面中的"输入数据"按钮，即可将实际加工记录的数据直接输入虚拟实验系统。需要注意的是，用户需要先输入理想尺寸值，再输入加工数量，才会出现相应数量的输入文本框，如图8-9所示。文本框的位置按主显示区大小平均安排，每行固定为10个，每列的数量根据输入数量来确定。输入时需要按照实际加工顺序依次输入得到的数值，注意先行后列。为防止在计算过程中发生错误，系统对输入的数据类型进行了限制，只能输入"-""."及数字"0—9"。若输入出现遗漏，在保存数据时系统将会进行是否为空值的检查。当存在空值时，系统会在界面正下方显示提示信息。

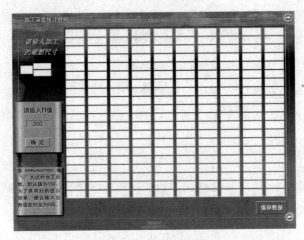

图8-9　实验样本数据输入界面

若实际加工条件不足，不能通过实际操作机床加工零件，系统将在模拟相应的加工过程后生成实验样本数据，来完成加工误差统计分析实验。需要注意的是，数据生成的原则要符合统计学规律。

实践证明，受各种相互独立的随机因素影响的随机变量常常服从正态分布或近似地服从正态分布。由概率统计中心极限定理可知，若随机变量X_1，X_2，…，X_n，…相互独立，服从同一分布，且具有相同的均值和方差：

$$E（X_k）=\mu,\ D（X_k）=\sigma^2\neq0\ (k=1,\ 2,\ \cdots)\tag{8-1}$$

则随机变量

$$Y_n=\frac{\sum\limits_{k=1}^{n}X_k-E（\sum\limits_{k=1}^{n}X_k）}{\sqrt{D（\sum\limits_{k=1}^{n}X_k）}}=\frac{\sum\limits_{k=1}^{n}X_k-n\mu}{\sqrt{n}\,\sigma}\tag{8-2}$$

的分布函数$F_n（x）$对于任意x都满足：

$$\lim_{n\to\infty}F_n（x）=\lim_{n\to\infty}P\left\{\frac{\sum\limits_{k=1}^{n}X_k-n\mu}{\sqrt{n}\,\sigma}\leqslant x\right\}=\int_{-\infty}^{x}\frac{1}{\sqrt{2\pi}}e^{-\frac{t^2}{2}}\mathrm{d}t\tag{8-3}$$

即当n趋向于无穷大时，随机变量Y_n近似服从于标准正态分布$N（0,1）$。在实际应用中，当$\geqslant30$时，可以把$Y=\sum\limits_{i=1}^{n}X_i$当作服从均值为$n\mu$、方差为$n\sigma^2$的正态分布，那么变量$Z=(Y-n\mu)/\sqrt{n}\sigma$近似服从标准正态分布$N(0,1)$。[①]

AS中的random()命令可以生成服从$[0,1]$上均匀分布的随机变量，根据输入的加工零件的理想数据，结合上述中心极限定理，并尽量避免生成相同的样本数据。这里使μ值在$[0\sim T/3]$（T为公差）中随机变化，σ值由随机的工序能力系数根据机械加工6σ理论来确定[②]，并将生成的虚拟加工样本数据按前文所述的手工输入数据的方法进行自动排列，如图8-10所示。为了避免字母使用混乱，在程序设计过程中可对其进行少许修改，具体的AS程序代码见附录A.6中第六帧程序代码。

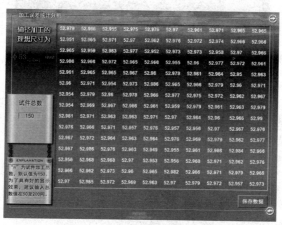

图8-10　虚拟样本数据生成界面

8.3.3　实验数据的储存和管理

实验数据储存的基本原理可参见本书的3.3和3.4节。通过AS中的"Array()"多维数组可进行数据的赋值和交换，将输入或自动生成的各数值转换为字符串，结合扩展标记语言XML技术的应用，将其存储到PC端操作系统中。结合"List组件"的使用，当储存的数据越来越多时，List组件将会自动实现滑动条，并按储存数量比例缩放，如前文图8-5中界面左侧的目录树结构。点

---

① 盛骤，谢式千，潘承毅. 概率论与数理统计（第二版）[M]. 北京：高等教育出版社，1997：134-137.

② 张世昌，李旦，张冠伟. 机械制造技术基础（第三版）[M]. 北京：高等教育出版社，2014：177.

击List组件的目录树可实现数据的选择，将系统中储存的数据调出，分配新的数组，按显示区域平均分布；若点击图8-11所示界面左下角的"删除数据"按钮，将会删除储存于系统中的对应数组，实现简单的数据管理。实验教师在完成一轮实验课程的教学后，可以进行删除操作，以释放系统内存空间，时刻保障虚拟实验系统运行的流畅性。实验数据的储存和管理的具体AS程序代码见附录A.6中第八帧和第九帧的程序代码。

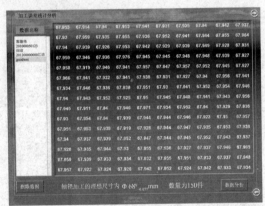

图8-11　数据管理界面

8.3.4　实验数据的分析处理

得到统计分析实验数据后，可使用各种软件和绘图工具作为辅助，按实验要求及步骤来完成机械加工误差的统计分析。例如，可用Microsoft Office Excel、WPS表格等来处理数据和画图。这部分是机械加工误差统计分析虚拟实验的核心部分。

①采用分布图法来表示机械加工的统计误差。这种方法是根据一批经过加工的零件的实际尺寸作出尺寸分布曲线，然后按该曲线相对于理想尺寸的位置和表示分散范围的形状，判断这种加工方法产生的误差的性质和大小。为此，要计算样本数据的平均值$\bar{x}$，公式为：

$$\bar{x} = \frac{1}{n}\sum_{i=1}^{n} x_i \tag{8-4}$$

式中：X_i——第i个样本的测量值；

　　　n——样本容量。

②计算随机误差。在加工误差接近正态分布的条件下，通常以一批零件尺寸的分散范围 Δ_R 代表随机误差的大小，即

$$\Delta_R = 6\sigma = 6\sqrt{\sum_{i=1}^{n}(x_i - \overline{x})^2 / n} \qquad (8\text{-}5)$$

随机误差以平均尺寸为中心，对称分布，其大小决定了正态分布曲线的形状。

通过比较 AS 中的 max 命令和 min 命令可以找出样本数据中的最大值和最小值，并按表 8-1 的分组数计算组距、组界、每组频数，根据计算得到的平均尺寸 $\overline{x}$ 和误差分析范围 Δ_R，按要求及显示比例绘制直方图以及相应的分布曲线和公差带。①

表8-1　样本容量和分组数一般关系

样本容量 n	25 ～ 40	40 ～ 60	60 ～ 100	100	100 ～ 160	160 ～ 250
分组数 k	6	7	8	10	11	12

③计算常值系统误差。在加工误差接近正态分布的情况下，常值系统误差实际上就是实际测量的尺寸的算术平均值相对于理想尺寸的偏移值，也称"均值偏差"（Δ_S），即

$$\Delta_S = \overline{x} - x_M \qquad (8\text{-}6)$$

常值系统误差一般可以通过调整工艺系统来消除或减小。

④系统的工序能力大小用工序能力系数 C_P 来表示，即

$$C_P = \frac{T}{6\sigma} \qquad (8\text{-}7)$$

工序能力系数 C_P 可按表 8-2 分为五个等级。一般情况下，工序能力不应低于二级，即要求 $C_P > 1$。

表 8-2　工序能力等级

工序能力序数	工序等级	说明
$C_P > 1.67$	特级	工序能力过高，允许有异常波动，不经济
$1.67 \geqslant C_P > 1.33$	一级	工序能力足够，允许有一定的异常波动
$1.33 \geqslant C_P > 1.00$	二级	工序能力勉强，需密切注意

---

①　尹明富. 机械制造技术基础实验［M］. 武汉：华中科技大学出版社，2008：70.

续　表

工序能力序数	工序等级	说明
$1.00 \geqslant C_P > 0.67$	三级	工序能力不足，会出现少量不合格品
$0.67 \geqslant C_P$	四级	工序能力很差，必须加以改进

　　需要说明的是，当 $C_P > 1$ 时，只能说明工序能力足够，但并不能保证所有加工的零件都是合格的产品；若存在较大的常值系统误差，仍然有可能加工出不合格产品。因此，通过分布曲线不仅要掌握某道工序随机误差的分布范围，而且要根据分布曲线和公差带之间的相对位置得到不同误差范围内的零件数占全部零件数的百分比，估算在采用调整法规模加工时产生不合格产品的可能性及其数量。

　　图 8-12 所示为当理想加工尺寸为 $\Phi 68^{0}_{-0.077}$ mm 时，通过机械加工误差统计分析虚拟实验系统得到的 150 个表示实际加工尺寸的数据经过自动处理形成的加工尺寸分布图。从图中可以明显看到该工艺系统工序的能力勉强合格，实际加工的尺寸稍微偏小，有 0.0197 的常值系统误差，有明显的尺寸过小的不合格产品，可以通过调整刀具和工件间的距离来改进加工质量。

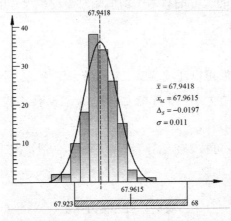

图 8-12　加工尺寸分布图

　　用分布图法分析研究加工误差时，需要在全部工件加工完成后才能绘制出分布曲线，而且不能反映零件加工的先后顺序。因此，该方法不能将按照一定规律变化的系统误差和随机误差区别开来，也不能在加工的过程中提供控制工艺过程的资料。为了克服这些不足，更利于批量生产的工艺过程的质量控制，点图法应运而生。点图法是指按加工顺序逐个测量工件尺寸，绘制出工件尺寸随时间变化的曲线。在实际工程中应用得最为广泛的是均值极差图，它是由小样本均值的点图和小样本极差的点图组成的。

利用均值极差图研究分析加工误差不仅要计算每一个样组的平均值 $\bar{x}_i$ 和极差 R_i，而且要注意计算小样本均值 $\bar{x}$ 的平均线 $\bar{\bar{x}}$、上控制线 UCL、下控制线 LCL 以及极差 R 的平均线 $\bar{R}$、上控制线 UR，即

$$\bar{\bar{x}} = \frac{1}{n}\sum_{i=1}^{n}\bar{x}_i \tag{8-8}$$

$$\bar{R} = \frac{1}{n}\sum_{i=1}^{n}R_i \tag{8-9}$$

$$UCL = \bar{\bar{x}} + A\bar{R} \tag{8-10}$$

$$LCL = \bar{\bar{x}} - A\bar{R} \tag{8-11}$$

$$UR = D\bar{R} \tag{8-12}$$

根据一般统计规律，每小组的样本数量为 4、5、6 三种，涉及的 A、D 系数应按表 8-3 中的系数值进行计算[①]。不同的每组件数将绘制出不同的 $\bar{x}-R$ 图，若有点超出其控制线，该点上将有高亮圈显示，以增强直观显示效果。

表 8-3 系数 A、D 的值

每组件数	A	D
4	0.73	2.28
5	0.58	2.11
6	0.48	2.00

若用点图法表示图 8-12 中的样本数据，当每小组的样本数量取 5 时，得到的均值极差图如图 8-13 所示。将鼠标移动到相应的点或控制线的位置上，可以自动显示与该位置相对应的具体数值。可以看到，无论是均值图还是极差图，各个点的分布没有明显的规律，大部分点都在均值线上下波动，小部分点在控制线附近，但极差图的中间位置明显有一个点超出了上控制线，说明该曲线有异常波动，该工艺过程不稳定。

---

① 张世昌，李旦，张冠伟. 机械制造技术基础（第三版）[M]. 北京：高等教育出版社，2014：177.

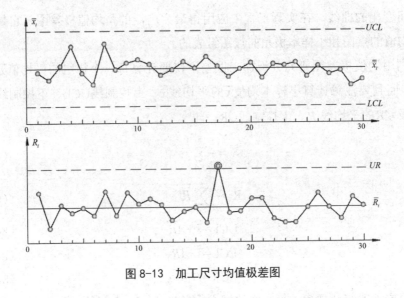

图 8-13　加工尺寸均值极差图

8.4　机械加工误差统计分析虚拟实验系统特点

传统的机械加工误差统计分析实验需要在机床上加工多个零件来取得原始样本数据，耗时长且成本较高，对于普通地方院校而言根本不可能实现；而采用机械加工误差统计分析实验系统生成的数据作为样本数据进行误差统计分析虚拟实验，则可大幅降低实验成本，提高实验效率。机械加工误差统计分析虚拟实验系统允许用户自行输入实验样本数据，也可自动生成具有一定规律的随机样本数据，并能根据加工误差统计分析实验的要求，自动绘制出相应的分布图或点图图形，为教师批阅学生的实验报告单带来了便利。

参考文献

［1］张世昌，李旦，张冠伟. 机械制造技术基础（第三版）［M］. 北京：高等教育出版社，2014.

［2］尹明富. 机械制造技术基础实验［M］. 武汉：华中科技大学出版社，2008.

［3］郭德伟，江洁，闵洁. 等. 基于Flash ActionScript机械加工误差统计分析实验的设计与开发［J］. 制造业自动化，2012，34（13）：125-129.

［4］廖念钊. 互换性与技术测量（第六版）［M］. 北京：中国质检出版社，2012.

［5］盛骤，谢式千，潘承毅. 概率论与数理统计（第二版）［M］. 北京：高等教育出版社，1997：134-137.

第9章　金属材料拉压试验虚拟测控平台研究

9.1　金属材料拉压传统试验

9.1.1　材料力学性能

在了解金属材料拉压传统试验之前，需要先对材料力学性能有大致的了解。

虽然随着材料科学的不断发展，各种新型材料不断出现，但是传统的金属材料凭借其优良的加工性能和使用性能，在目前的工程应用中仍然占据较大优势。为合理设计和选用金属材料，分析其力学性能是非常有必要的。材料的力学性能主要是指材料在从开始受力到破坏的整个过程中，在变形和强度方面表现出来的宏观性能特征，如弹性性能、塑性性能、硬度、抗冲击性能等。一般来说，金属材料的力学性能主要表现在以下十个方面。

9.1.1.1　强度

强度是指金属材料在静载荷作用下抵抗永久变形或断裂破坏的能力，也可以称为"比例极限""屈服强度""断裂强度"或"极限强度"。没有一个确切的单一参数能够准确定义强度，因为金属的行为会随着应力种类和应用形式的变化而变化。

9.1.1.2 塑性

塑性是指金属材料在载荷作用下经受较大变形而不被破坏的能力。塑性变形发生在金属材料承受的应力超过弹性极限并且载荷去除之后，此时金属材料保留了一部分或全部载荷时的变形。

9.1.1.3 脆性

脆性是指金属材料在损坏之前没有发生塑性变形的特性，与韧性和塑性相反。脆性较大的金属材料在拉伸方面的性能较弱，通常采用压缩试验评定金属材料的脆性。

9.1.1.4 硬度

硬度是指金属材料局部表面抵抗比自身更硬的物体压入的能力，是比较各种金属材料软硬的指标。不同的测试方法有不同的硬度标准。

9.1.1.5 韧性

韧性是指金属材料抵抗冲击载荷而不被破坏的能力，是指金属材料在拉应力的作用下，在发生断裂前有一定塑性变形的特性。金、铝、铜都是韧性材料，它们很容易被拉成导线。

9.1.1.6 疲劳强度

疲劳强度是指金属材料的零件和结构零件对疲劳破坏的抗力，是指金属材料在无限多次交变载荷作用下不会遭到破坏的最大应力，也称"疲劳极限"。需要强调的是，在实际中金属材料不可能做无限多次交变载荷试验。

9.1.1.7 弹性

弹性是指在外力消失后，金属材料能够恢复原先尺寸的一种特性。

9.1.1.8 延展性

延展性是指金属材料在拉应力或压应力的作用下承受一定塑性变形的特性。

9.1.1.9 刚性

刚性是金属材料承受较大应力而没有发生较大应变的特性。刚性的大小通过测量金属材料的弹性模量 E 来判断。

9.1.1.10 屈服点或屈服应力

屈服点或屈服应力是金属的应力水平，用 MPa 度量。屈服是指在材料拉伸或压缩的过程中，当应力达到一定值时，应力有微小的增加，而应变却急剧增加的现象。使金属材料发生屈服时的正应力就是金属材料的屈服应力。

9.1.2 金属材料拉压传统试验的工具——万能试验机及试样

能否准确获得金属材料的以上力学性能，体现了对金属材料的应用水平。目前，获得金属材料力学性能的途径有很多，如可以利用计算机有限元分析和其他计算方法来分析整体构件或零部件的应力、应变场，也可以直接从某些大型的材料性能数据库获取。但是，唯一可靠的获取途径是对金属材料进行拉压试验，而进行拉压试验需要用到的最为基本的仪器就是万能试验机。万能试验机自发明以来，经历了多次更新换代，实现了从小负荷到大量程、从手动到自动、从单空间到多空间、从单一功能到多种控制模式的跨越，其应用也从最初的金属领域扩展到所有材料行业。随着制造技术的不断发展，万能试验机的稳定性、可靠性和适应性也在不断提高，各项技术指标和功能逐步达到了国际水平。

万能试验机可分为液压式万能试验机和电子式万能试验机，如图9-1所示。液压式万能试验机采用高压液压源为动力源，采用手动阀、伺服阀或比例阀作为控制元件进行控制。普通液压万能试验机只能通过人工手动实现加载，属于开环控制系统，而且受价格因素的影响，测力传感器一般采用液压压力传感器；而电液伺服类万能试验机则采用伺服阀或比例阀作为控制元件进行控制，国内有些厂家亦已经采用高精度负荷传感器来进行测力。在使用性能上，液压万能试验机受油源流量的限制，试验速度较低。手动液压万能试验机操作较为简易，价格便宜，但控制精度较低；电液伺服万能试验机的性能与电子式万能试验机相比速度较低，但控制精度较高，负荷传感器的微机控制电液伺服万能试验机的力值精度可以达到0.5%左右，且在做大吨位的材料力学试验时更可靠、更稳定，性价比更高。[①]液压式万能试验机主要用于金属、非金属材料和零件、部件、构件的拉伸、压缩、弯曲等力学性能试验。液压万能试验机是工矿企业、建筑建材、质检中心、水利水电、桥梁工程、科研院所、大专院校力学试验室的理想试验设备。手动控制的液压万能试验机价格便宜，适合工矿企业的成品检验与单一材料指标测试；电液伺服万能材料试验机适合要求较高的钢铁、建材检测类试验室。

图9-1　液压式和电子式万能试验机

电子式万能试验机主要采用伺服电机作为动力源，采用丝杠、丝母作为执行部件，能够实现试验机移动横梁的速度控制。在传动控制方面，关于其优缺点，还有待进一步探讨。在测力方面，电子式万能试验机均采用负荷传感器。电子式万能试验机不用油源，更清洁，使用维护更方便；试验速度范围可调整，可达0.001～1 000 mm/min，速比可达100万倍；试验行程可按需要而定，灵活性较强；测力精度高，有些甚至能达到0.2%；体积小、重量轻、空间大，方便加配相应装置来做各项材料力学试验，真正做到了一机多用。电子式万能

---

① 百度百科［EB/OL］. https://baike.baidu.com/item/%E7%94%B5%E5%AD%90%E4%B8%87%E8%83%BD%E8%AF%95%E9%AA%8C%E6%9C%BA.

试验机被广泛应用于各种材料的拉伸性能指标测试，同时可根据用户提供的国内、国际标准定做各种试验数据处理软件和试验辅具。数字显示电子式万能试验机适合于只求力值、抗拉强度、抗压强度等相关数据的用户，如需求取较为复杂参数，微机控制电子式万能试验机是更好的选择。从性价比来说，30吨以下的电子式万能试验机更有优势。

9.2 金属材料拉压试验虚拟测控平台结构及其界面设计

绝大多数的金属材料试验都是静力学性能试验，因此用于教学和研究的万能试验机一般是综合性能较好，采用双空间、计算机控制的电子式万能试验机。目前，国内市场上这类试验机的最低售价约在十万元人民币左右，而在每次实验教学中每台试验机最多可供5～10名学生使用，每组学生操作一次至少消耗四个试样，费用近50元。多次重复的试验加上试样耗材的费用，使这类仪器在教学中的性价比相对较低，很多教学经费相对不足的地方院校都不愿做这种不划算的硬件设备投入，因此在相关课程的教学中学生只能通过图片或录像来了解金属材料的力学性能特征，导致学生对金属材料力学性能相关知识的理解不够充分，很大程度上影响了学生对金属材料的合理设计和选用。若将金属材料万能试验机的整个试验过程虚拟仿真化，用系统软件代替试验机这一硬件，不仅可以节约成本，而且可通过互联网终端组建更多的虚拟试验机，让试验突破时空及人数的限制，具有重要的现实意义。

清华大学的耿志挺等人利用C++语言开发了一套材料力学性能虚拟仿真实验系统，其界面如图9-2所示。[①]该系统包括金属拉伸、金属压缩、扭转实验等材料力学内容，采用了图形用户界面，使学生可通过操作虚拟试验机和虚拟配套测控软件进行实验，并实时显示实验曲线。该系统采用模块化设置，可以根据用户的需要进行组合，全方位适应不同用户的测试要求，不仅将课前预习、

---

① 耿志挺，陈学军. 材料力学虚拟仿真实验系统的设计与开发［J］. 实验室研究与探索，2019，38（5）：98-101.

课堂操作、课后练习与作业以及课下答疑等教学环节灵活呈现在数字化课堂上，激发了学生对材料力学实验的学习兴趣，而且极大地提高了学生的动手能力、创新能力和探索新知识的能力。安军等人将Unity3D作为开发平台，利用SolidWorks对实验设备进行了三维建模，使用C#脚本语言编程和UGUI界面设计开发了一个桌面型简易材料力学课程虚拟仿真实验系统。[①]该系统包含拉伸实验、压缩实验和扭转实验，以拓展实验教学内容的广度和深度，延伸实验教学的时间和空间，提升实验教学的质量和水平，降低实验材料的消耗，从而保证每个学生都能充分熟悉和掌握实验过程和操作。李霞用VB 6.0开发了材料力学虚拟仿真实验系统。[②]该系统采用了图形用户界面、选单和对话框驱动，使学生能够通过对话窗口选择梁的类型、横截面形状、尺寸以及荷载类型、大小等参数，在窗口实时显示变形、剪力和弯矩。该系统还可测量不同位置的挠度和内力，查询不同位置梁的内力方程和挠曲线方程的系数。该系统用图形表示抽象的概念，有利于学生对材料力学概念的理解和掌握。杨光将CAXA、VRML和JS技术用于液压万能试验机虚拟研究，创造了虚拟的试验场景，实现了虚拟的金属材料拉压试验过程。[③]该系统利用CAXA建模，利用Inline节点创建系统的虚拟现实模型，通过时间传感器、插补器以及路由语句实现了关键动画，利用JS技术实现了试样变形动画和力学性能仿真过程，利用触发传感器实现了试验实时交互控制，利用Anchor节点实现了试样零件信息提取。蔺海晓等人采用3DS Max进行建模并整合了Authorware开发的材料力学虚拟演示实验，在传统实验的完善、补充和拓展等方面取得了良好的效果。[④]Baiqing Zhang等人利用3DS Max软件对液压机进行了三维建模、渲染，并在Flash设计平台的基础上，

① 安军，曾霞光，范劲松，等. 材料力学课程虚拟仿真实验系统的开发及应用 [J]. 装备制造技术，2020（2）：166-169.

② 李霞. 材料力学虚拟仿真实验系统的开发 [J]. 实验技术与管理，2016，33（12）：125-127.

③ 杨光. 液压万能试验机的虚拟现实仿真系统 [J]. 工程图学学报，2010，31（4）：99-103.

④ 蔺海晓，岳高伟，杨大方. 材料力学虚拟演示实验的应用与教学 [J]. 实验技术与管理，2012（5）：124-126.

通过AS脚本控制模型的工作，模拟仿真了液压机的工作原理。[①]

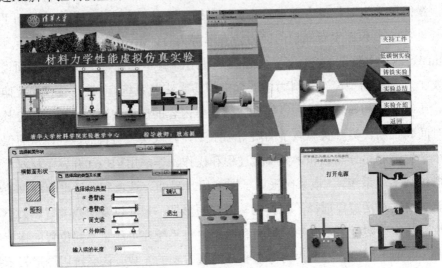

图9-2　耿志挺等人开发的材料力学性能虚拟仿真实验系统

　　然而，围绕金属材料万能试验机，基于AS的金属材料拉压虚拟试验多表现为对材料变形的简单模拟，而且试样没有可选性，试验条件单一，试样变形单调，对整个试验过程进行系统虚拟研究的不多。鉴于此，本书根据材料力学课程的实验教学大纲，设计了金属材料拉压试验虚拟测控平台，其界面及系统结构如图9-3所示。金属材料拉压试验虚拟测控平台采用了一台电子式万能试验机动态图片作为LOGO，其中万能试验机的横梁在做夸张的上下往复运动，体现了万能试验机的一种工作状态，突出了力学性能测试的主题。金属材料拉压试验虚拟测控平台的结构主要包括软件导航、试验指导、试验机介绍、进行试验和数据分析五个部分。其中，软件导航和试验指导与前文所述的系统相似，在此不再赘述。

　　① Baiqing Zhang, Jiabo He, Zemiao Liang. The R&D for Hydraulic Press Simulation Teaching System[C]. 2011 International Conference on Multimedia Technology, 2011:888-891.

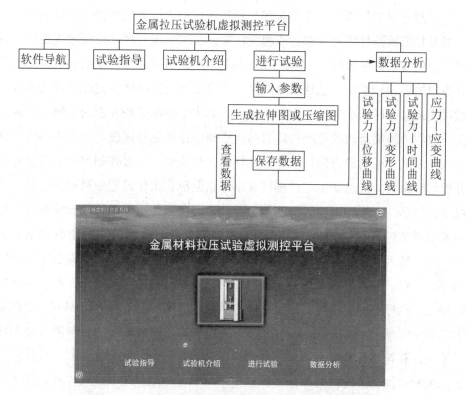

图9-3　金属材料拉压试验虚拟测控平台的结构及界面

"试验机介绍"主要是让学生了解电子式万能试验机的结构和工作原理，其界面如图9-4所示。在该界面中，可以点击或拖动进度条实时观看万能试验机在工作状态下的外部结构、内部结构以及动力转动的过程。"结构"和"原理"两个按钮可以实现试验机内外结构和工作原理的相互切换。

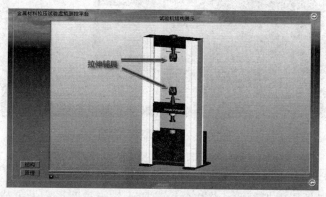

图9-4　金属材料拉压试验虚拟测控平台"试验机介绍"界面

　　"进行试验"部分是整个金属材料拉压试验虚拟测控平台的主体部分，它主要是根据试验目的及要求完成相关试验，实现金属材料的拉压过程模拟及试验数据生成，并存储数据。图9-5所示为进入"进行试验"模块后各试验参数设置窗口的页面示意图，包括主控制区、信息显示与控制区、拉压曲线显示区、试样变形显示区和信息输入窗口几部分。其中主控制区在界面的左侧，可输入工作过程中横梁运动的速度值或直接点击相应按钮选择速度，也可手动控制虚拟试验机横梁运动的方向，以方便试样的安装调整，还可控制整个虚拟试验的开始和结束等。信息显示与控制区显示了试验机在工作过程中试验力、试验力峰值、位移、变形和试验时间的数值变化，还考虑到了引伸计的安装和取下对各参数的影响，可以控制各参数的回零复位处理。界面的左上角有"系统设置"和"输入试样信息"按钮，点击即可看到信息输入窗口，主要包括试样的编号、材料、基本形状参数、试样标距，以及试验拉压模式的选择和虚拟试验机超载停机标准的设定等，保证了虚拟试验的真实感。界面中间偏右是面积最大的显示区域——拉压曲线显示区，主要用来显示试验过程中材料的拉伸图或压缩图，有利于学生实时了解材料的拉压试验力和变形的变化关系。拉压曲线显示区和主控制区的中间部分是试样变形显示区，当关闭系统设置和试样参数设置后，点击"试验开始"按钮，试样变形显示区就会根据输入参数显示试样变形的直观动态变形情况。

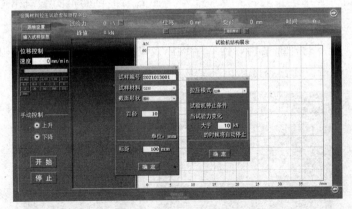

图9-5　"进行试验"界面

　　在主控区配合速度滑动条，选择合适的拉压试验速度，点击"开始"即可进行金属材料拉压虚拟试验。图9-6（a）所示为一种圆形截面低碳钢在每分钟

5 mm的速度下进行拉压试验的过程，其试验力已经过了最高值并正在下降。由最大峰值结合曲线变形趋势可知，该状态正在进入缩颈阶段，在变形区的试样上已经出现了明显的缩颈现象。一般情况下，这个变形过程是很快的，因此在实验过程中要尽量控制变形的速度，以便让学生有充分的时间进行观测。图9-6（b）所示为一种圆形截面灰铸铁在每分钟1 mm的速度下进行压缩的过程。从图中可知，试样已经显示裂痕，试验力曲线已经从最高值回到0位置，停止按钮已经按下，说明压缩试验已经完成，试样已被破坏。

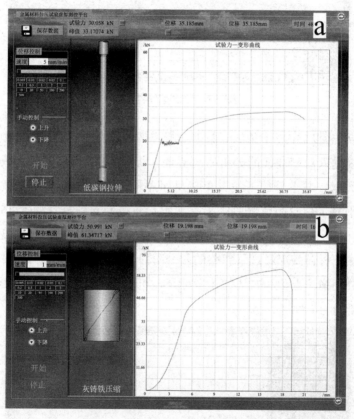

图9-6　金属材料拉压虚拟试验界面

当试样被破坏后，即可停止试验。此时点击左上角出现的"保存数据"按钮，就可以将之前设定好的试样信息编号为数据名称并进行保存，包括试样的基本信息，虚拟试验机的基本设置，每次试验的试验力、位移、变形、时间和速度等相关数据。点击左侧数据目录树中的编号名称，可以实现对数据的切换选择与管理，也可以对不符合要求或误操作保存的数据进行删除处理，如图9-7所示。

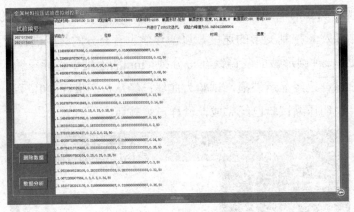

图9-7　数据管理界面

通过点击图9-7中左下角的"数据分析"按钮或者主界面上的"数据分析"按钮，可以进入对应曲线的分析研究界面，如图9-8所示。左上区域显示了试验的基本数据，左下部的下拉菜单提供了不同参数组合的曲线类型，右边方格区域用于显示相应的数据曲线。图中所示曲线为一种材料为Q235、直径为10 mm、标距为100 mm的圆形截面低碳钢试样经过拉伸后的应力-应变曲线。由该曲线可知，材料变形经过了完整的四个阶段，其中屈服阶段曲线变化明显。通过鼠标分别拖动上边和右边的参考标尺，可以显示曲线不同位置的数据，了解试样材料的力学性能。

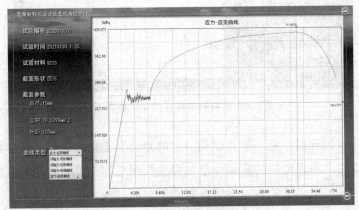

图9-8　曲线的分析研究界面

9.3　金属材料拉压试验虚拟测控平台部分主要功能的实现

9.3.1　平台整体设计

金属材料拉压试验虚拟测控平台的设计思路：首先，对实体电子式万能试验机和试样变形机理进行研究，再利用虚拟现实与仿真技术建立万能试验机设备模型及虚拟场景，实现简单三维交互；其次，对常用金属材料的力学性能进行测试，建立不同破坏条件下的力学性能模型及变形动态模型；最后，利用AS脚本编程技术及其他虚拟现实与仿真技术，结合现代教育技术及评价手段，设计金属材料拉压试验虚拟测控平台。金属材料拉压试验虚拟测控平台的设计主要从实验仪器、耗材和软件系统三个方面展开，其技术路线如图9-9所示。

9.3.1.1　实验仪器建设

根据WDW-100E型电子式万能试验机，采用Pro/E或相关CAD软件建立试验机设备主体三维模型、设备各操控元件三维模型及实验室虚拟场景；利用所建立的三维模型，结合虚拟节点技术，应用AS脚本编程技术及虚拟现实技术联合表现模型的三维场景交互，并建立各控制及执行元件的感应交互区。

9.3.1.2　实验耗材建设

拟按照国家标准《金属材料 拉伸试验 第1部分：室温试验方法（GB/T 228.1—2010）》和《金属材料 室温压缩试验方法（GB/T 7314—2017）》制备几种常用的金属结构材料（Q235、HT150及45#）试样各50例，并根据试验机要求在不同破坏条件下进行测试，研究材料的变形机理，获取材料力学性能的相关数据及试验应力-应变图谱；对数据及图谱信息进行研究分析，建立常用结构材料力学性能参数模型，并对模型的可靠性进行验证，根据材料实际变形规律对模型进行改良和优化；根据破坏变形机理建立常用金属结构材料试样的变形动态模型。

9.3.1.3 软件系统建设

合理采用XML、Web、数据库等技术，结合现代教育技术及评价手段，采用以AS为主、其他虚拟技术为辅的综合技术，将各虚拟仪器、模型、场景及各种常用材料力学性能模型整合为一个系统，构建具有较强交互功能的虚拟材料试验机测试和控制平台；通过时效测试及评价研究，对测控平台系统进行优化、改良，力求使其操作简单方便，仿真性好，真实感强。

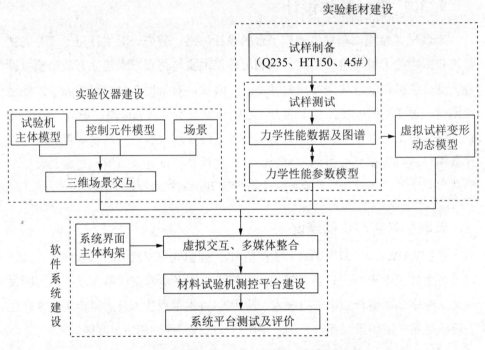

图9-9　金属材料拉压试验虚拟测控平台设计的技术路线

基于AS技术的金属材料拉压试验虚拟测控平台采用16∶9的界面比例，符合现代设备播放习惯。其原始大小为1 360×765像素，能够保证虚拟试验的清晰程度。进入系统后，默认全屏显示。整个平台的所有功能共通过十六帧来实现，如图9-10所示。第一帧、第二帧分别为主界面和实验指导。第三帧至第五帧形成了简单的小循环，主要实现万能试验机机构及原理的三维效果展示，可以通过进度条进行控制，通过"结构"和"原理"按钮进行内容的切换。第六帧到第十三帧主要用于实现试验过程，是数据处理最多的也是逻辑关系最为复杂的一部分。第十四帧和第十五帧用于实现数据的储存与读取。第十六帧用于实现数据的分析处理及力学性能曲线的绘制。

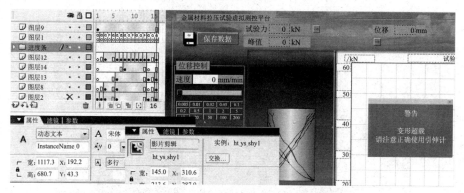

图9-10　金属材料拉压试验虚拟测控平台开发界面

9.3.2　万能试验机虚拟设计

金属材料拉压试验虚拟测控平台设计的电子式万能试验机采用双空间门式结构，上空间拉伸，下空间压缩、弯曲；主机部分由两根导向立柱、上横梁、中横梁、工作台组成落地式框架，调速系统安装在工作台下部。整台设备具有调速精度高、范围宽、性能稳定的特点。设备的交流伺服电机通过同步齿形带减速系统带动滚珠丝杠副旋转，而滚珠丝杠副可以驱动中横梁，带动拉伸辅具（或压缩等辅具）上下移动，实现试样的加荷与卸载。该结构可以保证机架有足够的刚度，同时实现高效、平稳传动。万能试验机原始模型的每个细小零部件采用Pro/E三维设计软件构建，并进行虚拟装配和运动模拟研究，而且按规划设计好的效果较佳的视频资料会被制作成相应动画文件，并存为flv格式。利用AS技术进行整合，可以实现对万能试验机的内外部结构、运动状态及工作原理等的充分展示，其技术和方法可参考本书的4.3节。图9-11所示为虚拟万能试验机及部分零部件的三维效果。

图9-11　虚拟万能试验机及部分零部件的三维效果

9.3.3 输入窗口设计

在进行金属材料拉压试验之前，需要对系统及试样信息进行一系列确认，包括系统设置、试验信息的输入以及试样安装过程中各试验数据的调整和清零等。虚拟试验应严格按照实际试验机的操作规范进行。例如，当用户未输入任何试验信息直接点击"开始"按钮时，系统会提示输入信息，并自动弹出"输入试样信息"窗口。又如，当按下手动调整的上下按钮时，系统会判断是否取下引伸计，对引伸计进行保护；只有按要求确保已经点击"取引伸计"按钮，警告窗口才会关闭，试验才能真正开始。图9-12所示为部分弹出窗口，窗口的设计仿照了PC操作系统的风格，上部分设有拖动条，右上角有关闭窗口标识。整个窗口设计为一个影片剪辑，拖动条为一隐藏的按钮，关闭标识也为一按钮，拖动或点击这两个按钮可以分别实现整个影片剪辑的位置移动和可见性。

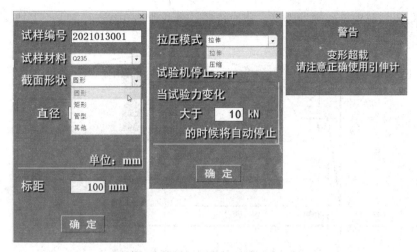

图9-12　金属材料拉压试验虚拟测控平台弹出窗口设计

　　"输入试样信息"窗口的影片剪辑中包含试样编号、试样材料、截面形状、标距等信息。其中，试验编号输入采用动态文本框实现，默认编号为时间加序号，系统若不关闭，每次输入的序号会递增；用户也可根据需要自行输入和修改编号。试验编号将作为系统数据储存时的ID号。试样材料和截面形状采用下拉菜单"ComboBox实例"来实现，材料可选Q235、HT150和其他，默认为Q235材料；截面形状选项，选择圆形则会弹出直径输入框，默认值为10 mm；选择矩形将会弹出宽度和高度两个数值的动态文本输入框。标距为动态文本框，默认值为100 mm。

　　"系统设置"窗口的影片剪辑包含拉压模式选择和自动停机条件设置两部分，分别采用下拉菜单"ComboBox 实例"和一个动态文本框来实现。其中，拉压模式有拉伸和压缩两个选项，分别对应在试样模拟变形中调用对应变形的情况。

9.3.4　拉压过程设计

　　金属材料拉压曲线在很大程度上反映了金属材料的力学性能，而低碳钢作为在实际工程中应用最为广泛的金属材料，其应力-应变曲线具有典型意义。[1]图9-13所示为低碳钢Q235拉伸时的应力-应变曲线，可见其拉伸的过程可以分为

---

　　① 单辉祖. 材料力学 I（第四版）［M］. 北京：高等教育出版社，2016：53.

四个阶段，分别是线弹性阶段、屈服阶段、硬化阶段和缩颈阶段。

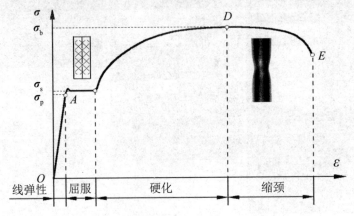

图9-13　低碳钢Q235拉伸时的应力-应变曲线

当应力低于σ_p时，应力与试样的应变成正比，σ_p为材料的弹性极限，应力逐渐增大；只要不达到σ_e，当应力撤销时，变形也会消失，即试样处于弹性变形阶段。σ_e为材料的弹性极限，它表示材料保持完全弹性变形的最大应力。一般材料的比例极限和弹性极限差别很小，因此通常将较小的σ_p作为划分线弹性阶段的标志点。当应力超过σ_e后，应力与应变之间的线性关系会被破坏。随着应力的逐步增大，会出现屈服平台或屈服齿。此时如果卸载，试样的变形只能部分恢复，保留一部分残余变形，即塑性变形。这说明低碳钢的变形进入了弹塑性变形阶段，即屈服阶段。这个阶段曲线上对应的最低位置为下屈服点，用σ_s标识，该值即为材料的屈服强度。对于无明显屈服的金属材料，规定以产生0.2%残余变形的应力值为其屈服极限$\sigma_{0.2}$，即名义屈服极限。当应力超过σ_s后，试样会发生明显而均匀的塑性变形，若使试样的应变增大，则必须增加应力值。这种随着塑性变形的增大，塑性变形抗力不断增加的现象称为"加工硬化"或"形变强化"，这个阶段称为"硬化阶段"。当应力达到σ_b时，试样的硬化阶段即告终。此最大应力σ_b即材料的强度极限或抗拉强度，表示材料对最大均匀塑性变形的抗力。在σ_b之后，试样会开始发生不均匀塑性变形并在最为薄弱的地方形成缩颈，最后在应力达到σ_f时断裂，则σ_f为材料的条件断裂强度，表示材料对塑性的极限抗力，对应的阶段称为"缩颈阶段"。此时试样的断口呈逐渐变细的45°杯口状。

　　为了验证载荷与变形之间的正比关系，可在弹性范围内采用等量逐级加载方法，每次递加同样大小的载荷增量ΔF，在引伸计上读取相应的试样变形增量平均值$\overline{\Delta l_0}$。若每次的变形增量大致相等，则说明载荷与变形成正比，即验证了胡克定律。若l_0为引伸计，可按下式算出弹性模量E：

$$E = \frac{\Delta F \cdot l_0}{A \cdot \Delta l_0}$$ （9-1）

式中：ΔF——载荷增量；

　　　　A——试样的横截面面积；

　　　　l_0——引伸仪的标距（即引伸仪两刀刃间的距离）；

　　　　Δl_0——在载荷增量ΔF下由引伸仪测出的试样变形增量平均值。

测定弹性模量后，将载荷卸去，取下引伸计，调整好万能试验机的相应装置，再次缓慢加载。低碳钢是具有明显屈服现象的塑性材料，在均匀缓慢的加载过程中，应注意观察万能试验机加载力的峰值变化情况，若回落到最小载荷（下屈服载荷），即最小载荷为屈服载荷F_s。继续缓慢加载直至试样被拉断，试验力峰值指示的最大载荷即为极限载荷F_b。屈服载荷F_s和最大载荷F_b与屈服极限σ_s和强度极限σ_b可表示为：

$$\sigma_s = \frac{F_s}{A}$$ （9-2）

$$\sigma_b = \frac{F_b}{A}$$ （9-3）

试样断裂时的残余变形最大，为了体现材料的塑性，可采用延伸率δ或断面收缩率ψ来进行度量，即

$$\delta = \frac{l_1 - l}{l} \times 100\%$$ （9-4）

式中：l——试样的原始标距；

　　　　l_1——将拉断的试样对接起来后两标点之间的距离。

$$\psi = \frac{A - A_1}{A} \times 100\%$$ （9-5）

式中：A——试样的原始横截面面积；

　　　　A_1——拉断后的试样在断口处的最小横截面面积。

在实际工程中，一般把延伸率$\delta \geqslant 5\%$的材料称为塑性材料，如机构钢、硬铝等，把$\delta < 5\%$的材料称为脆性材料，如灰口铸铁、陶瓷等。

　　还有一些材料，如硬铝，虽然是塑性材料，但是它在拉伸过程中没有明显的屈服阶段，在设计试样的时候需要特别注意这一点。脆性材料的力学性能曲线相对简单，从开始受力直到断裂，变形始终很小，一般不存在屈服阶段，也没有缩颈现象，断口垂直于试样轴线，即断裂发生在最大拉应力作用面。

　　压缩过程设计方式与拉伸过程相似，通常采用粗短的圆柱形试样。图9-14所示为低碳钢压缩时的应力-应变曲线，其中粗虚线为拉伸曲线，粗实线为压缩曲线。从图中可以看到，在屈服之前，压缩曲线与拉伸曲线基本重合，压缩与拉伸屈服应力、弹性模量均大致相同，屈服之后试验力的值随着变形的值逐渐上升，最终会无限趋近于应变100%的竖直线，这是因为试样的高度是一定的。需要注意的是，随着压力的不断增大，低碳钢试样会越来越扁。脆性材料的压缩变形曲线和拉伸类似，没有屈服也没有缩颈，破坏之前变形也不大，但压缩时的强度极限远高于拉伸时的强度极限。因破坏受切应力的影响较大，脆性材料的破坏形式一般为沿斜角约55°的方向产生裂痕而被切开。

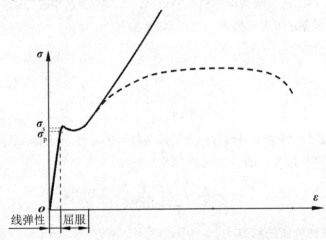

图9-14　低碳钢压缩应力-应变图

　　在上述理论基础上，采用AS进行程序编写应严格遵循各数据之间的关系，实现数据的输入和处理；应采用分阶段、多函数进行试验曲线拟合，并在一定范围内采用多个随机数进行调控，防止实验结果数据的同质化。

9.3.5 实验数据分析处理

　　输入的数据除了前文所述的实验基本信息之外，还有一个重要的参数，即速度。速度可以通过直接文本框输入，也可通过点击设计的按钮组进行选择，然后根据所选数值计算期间比例计算各级速度档位差，对应滑动条行程及滑块的位置坐标计算速度的增量百分比。需要注意的是，只有在拖动滑动条时才能实现各期间档位变化和速度值的对应关系，最后将结合得到的值赋予实际速度，参与计算位移或变形的数值。系统默认初始速度为0，各级速度的档位差为0.005，为可以调整速度的最小值，如前文中图9-6界面左侧部分所示。

　　按下"开始"按钮或手动控制的"上升"或"下降"按钮，系统将对试验初始条件进行判定，如是否输入信息参数、是否取下引伸计等。系统判定符合条件后，各数据将按设置的速度开始运行。开始试验后，"保存数据"按钮和图标"visible"的可见性为1，试样变形区会调入与选择拉压形式对应的拉伸或压缩试样，界面上部试验力、峰值、位移、变形和时间都将按给定的速度随系统每毫秒的运算递增。其中，峰值是当前值在每次循环过程中和试验力的值进行比较时较大的值。点击"取引伸计"按钮后，变形数值将由位移数值赋予，即两数值相等。此时，试验力显示区会利用当前试验力的值和前一个值之间的"line"命令相互划线，实现试验力随变形变化的曲线。

　　"保存数据"按钮被按下后，所有参数及试验力随变形变化的数据都将采用多维数组的形式进行转换，并结合扩展标记语言XML技术，存储到PC端操作系统中，其基本原理可参见本书的3.3和3.4节；同时，所绘制的曲线将被清除。数据的再次选择、调用和删除同样可结合"List组件"的使用来实现。

　　点击"数据分析"按钮，选择目录树中的数据编号，将从系统中调出之前储存的数据，并将这些多维数组的值重新赋予新的数组，以便在内存中完成新的数据计算。根据图9-8所示的曲线类型选择，可以再对应读取新数组中的值，重新显示和绘制对应的曲线图。需要注意的是，应根据显示区域的大小，按比例最大化显示曲线，以取得较佳的显示效果。曲线显示区右边和上边分别设置了可拖动的紫色参考标尺，其实现方式如同前文所述的弹出式窗口的设计，采用了融入数值和参考直线的影片剪辑的方式，通过位置坐标与曲线起点坐标之间的关系来显示转换后的数值。

　　图9-15所示为采用金属材料拉压试验虚拟测控平台得到的不同材料的应力-应变曲线。图9-15（a）为一种低碳钢在拉伸时的应力-应变图，其线性阶段、屈服阶段、强化阶段和缩颈阶段都很明显，属于典型的塑性材料。利用辅助

参考标尺可以看到屈服阶段的最低位置大约为229.6，即材料的屈服极限约为229.6 MPa，也就是要把这种低碳钢拉到屈服破坏需要大约229.6 MPa的应力。通过拖动参考标尺也可查看数据的最大值，即材料的强度极限约为420 MPa，达到破坏时的应变约为37%。更准确的数据可以根据变形的情况通过查询储存数据得到。图9-15（b）所示为一种灰铸铁拉伸时的应力-应变图，它没有屈服阶段和缩颈阶段，甚至线性阶段也不明显，属于典型脆性材料。利用参考标尺可以看到其最大破坏应力及强度极限约为255.8 MPa，说明要把它拉断破坏需要255.8 MPa的应力。材料破坏时的应变约为2.2%，说明该材料在变形较小的情况下就被破坏。图9-15（c）所示为一种低碳钢压缩时的应力-应变图，其线性阶段、屈服阶段很明显。参考标尺可知其屈服极限约为234.9 MPa，和图9-15（a）的屈服强度比较接近，说明低碳钢材料的抗拉性能和抗压性能差距不大。图9-15（d）所示为一种灰铸铁压缩时的应力-应变图，它没有屈服和缩颈阶段。参考标尺可知材料破坏时的应变约为16%，强度极限约为755.6 MPa，即要把它压坏需要755.6 MPa的应力。和图9-15（b）相比，其强度极限约为拉伸时的3倍，说明灰铸铁材料的抗压性能要明显好于抗拉性能，因此工程中一些承压设备结构常用灰铸铁来制作。这样的分析有利于学生掌握各种材料的力学性能，从而在后续的学习过程中更加合理、科学地选择材料，最终设计出更多高质量、低成本的新产品。

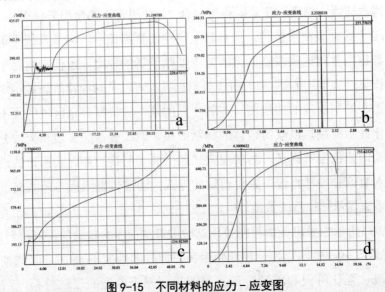

图9-15　不同材料的应力-应变图

9.4　金属材料拉压试验虚拟测控平台特点

金属材料拉压试验虚拟测控平台采用以 AS 为主、其他多种虚拟技术为辅的综合技术，对金属材料万能试验机的设备、场景、试验耗材及其力学性能表现等一系列相关试验过程进行了虚拟仿真。这个平台可以替代实际的万能试验机，能够节约实验成本，丰富实验项目。虚拟万能试验机具有计算机的三维交互测控技术，能够让学习者拥有和实际试验过程相似的体验。金属材料拉压试验虚拟测控平台具有较好的网络兼容性和可移植性，可使每台互联网终端计算机都成为一台万能试验机，从而突破实验教学的时空及人数限制，推动高校实验教学的信息化建设和网络资源化建设。

参考文献

［1］百度百科［EB/OL］．https：//baike.baidu.com/item/%E7%94%B5%E5%AD%90%
E4%B8%87%E8%83%BD%E8%AF%95%E9%AA%8C%E6%9C%BA．

［2］耿志挺，陈学军．材料力学虚拟仿真实验系统的设计与开发［J］．实验室研究与探
索，2019，38（5）：98-101．

［3］安军，曾霞光，范劲松，等．材料力学课程虚拟仿真实验系统的开发及应用［J］．
装备制造技术，2020（2）：166-169．

［4］李霞．材料力学虚拟仿真实验系统的开发［J］．实验技术与管理，2016，33
（12）：125-127．

［5］杨光．液压万能试验机的虚拟现实仿真系统［J］．工程图学学报，2010，31
（4）：99-103．

［6］蔺海晓，岳高伟，杨大方．材料力学虚拟演示实验的应用与教学［J］．实验技术与
管理，2012（5）：124-126．

［7］Baiqing Zhang, Jiabo He, Zemiao Liang. The R&D for Hydraulic Press Simulation
Teaching System［C］. 2011 International Conference on Multimedia Technology,
2011:888-891.

［8］单辉祖．材料力学Ⅰ（第四版）［M］．北京：高等教育出版社，2016．

附 录

附录 A 实验系统主要 ActionScript 程序

A.1 主体构架

A.1.1 第一帧主程序

```
fscommand("fullscreen", "true");// 全屏
```

A.1.2 帮助按钮 "HELP" 程序

```
on (release) {
        gotoAndStop(" 场景 1", "help");
        xiabiao=" 新手导航 ";
        loadMovie("help/help.swf", "help_mc");
        }
```

A.1.3 退出按钮 "EXIT" 程序

```
on (release, keyPress "q") {
                fscommand("quit");
                }
```

A. 1. 4 幻灯片功能剪辑第一帧程序

```
stop ();
jdx=this.shb._x;
jdy=this.shb._y;
if (isLoaded == undefined)
{
        var updateFrame = function (inc)
  {
    var _loc1 = _currentframe + inc;
    gotoAndStop(_loc1);
    jdt._xscale = 100 * (_currentframe / _totalframes);
    if (_currentframe == 1)
    {
      backBtn._alpha = 30;
      backBtn.enabled = false;
    }
    else
    {
      backBtn._alpha = 100;
      backBtn.enabled = true;
    }
    if (_currentframe == _totalframes)
    {
      forwardBtn._alpha = 30;
      forwardBtn.enabled = false;
    }
    else
    {
      forwardBtn._alpha = 100;
      forwardBtn.enabled = true;
    }
  };
  forwardBtn.onPress = function ()
```

```
    {
        updateFrame(1);
        zhz.gotoAndPlay(1);

    };
    backBtn.onPress = function ()
    {
       updateFrame(-1);
       zhz.gotoAndPlay(1);
    };
    var keyListener = new Object();
    keyListener.onKeyDown = function ()
    {
       if (Key.isDown(37))
       {
            updateFrame(-1);
       }
       else if (Key.isDown(38))
       {
          updateFrame(-(_currentframe - 1));
       }
       else if (Key.isDown(39))
       {
          updateFrame(1);
       }
       else if (Key.isDown(40))
       {
          updateFrame(_totalframes + 1);
       }
    };
    Key.addListener(keyListener);
    updateFrame();
}
this.isLoaded = true;
```

A.1.5 幻灯片功能剪辑进度条"shb"控制程序

```
on (press) {
        startDrag(shb, true, jdx, jdy, jdx+180, jdy);
}
on (release, dragOut) {
        stopDrag();
        this.jdt._xscale = (shb._x-jdx)/180*100;
        k=Math.round(jdt._xscale/100*_totalframes);
        gotoAndStop(k);
}
```

A.2 机构及机构组成认知虚拟实验

A.2.1 第三帧主程序

```
stop();
System.useCodepage = true;
// 使外部文件的中文字符能够正确显示;
var my_pb:mx.controls.ProgressBar;
var my_ldr:mx.controls.Loader;
var my_tree:mx.controls.Tree;
var flvpath:String = String("");
my_ldr.load("jgrz/images/zhu.jpg");
my_pb._visible = false;
my_pb.indeterminate = true;
my_pb.setSize(800, 30);
my_pb.source = my_ldr;
my_pb.mode = "polled";
var pbListener:Object = new Object();
pbListener.complete = function(evt:Object) {
        evt.target._visible = false;
};
my_pb.addEventListener("complete", pbListener);
var treeDP_xml:XML = new XML();
```

```
treeDP_xml.ignoreWhite = true;
treeDP_xml.onLoad = function(success:Boolean) {
        if (success) {
                my_tree.dataProvider = this.firstChild;
        }
};
treeDP_xml.load("jgrz/menu_tree.xml");
var treeListener:Object = new Object();
treeListener.change = function(evt:Object) {
        var treeNode:XMLNode = evt.target.selectedItem;
        if (treeNode.attributes.src != undefined) {
                my_pb._visible = true;
                my_title.text = treeNode.attributes.mytitle;
                my_description.text = treeNode.attributes.description;
                description1 = my_description.text;
                _root.transition.play();
my_ldr.load(treeNode.attributes.src);
                bl = treeNode.attributes.ratio;
   _root.enterflv.onRelease = function() {
                        flvpath = treeNode.attributes.myflv;
                        pdfpath = treeNode.attributes.mypdf;
                        swfpath = treeNode.attributes.myswf;
                        // 参考结果
                        dof = treeNode.attributes.mydof;
        // 自由度
                        gotoAndStop(4);
                };
        }
};
my_tree.addEventListener("change", treeListener);
```

A.2.2　第四帧主程序

```
my_description2.text=" 机构简介： "+description1;
import mx.video.*;
```

```
var jdsbx:Number = _root.my_seekbar._x;

var jdsby:Number = _root.my_seekbar._y;

var jdcd:Number = _root.my_seekbar._width;

var jdb:Number = 0;

my_flvplay["_vp"][0]._video.smoothing = true;

// 视频清晰播放

_root.my_flvplay.contentPath = flvpath;

_root.my_flvplay.autoPlay = true;

_root.my_flvplay.autoSize = false;

_root.my_flvplay.playButton = this.pl;

_root.my_flvplay.pauseButton = this.ps;

_root.my_flvplay.bufferingBar = this.flvbar;

_root.my_flvplay.seekBar = this.my_seekBar;

onEnterFrame = function () {

        jdb = _root.my_flvplay.playheadPercentage;

        // 进度比

        _root.jdtt._xscale = jdb;

        cz = (_root.jdsb._x-jdsbx)/jdcd*100;

};

var myListener = new Object();

// 让视频循环播放

myListener.complete = function(eventObject) {

        my_flvplay.play();

};

my_flvplay.addEventListener("complete",myListener);
```

A.2.3 进度控制条程序

```
on (press) {

        startDrag(jdsb, true, jdsbx, jdsby, jdsbx+jdcd, jdsby);

}

on (release) {

        stopDrag();

        this.my_flvplay.seekPercent(cz);

}
```

A.3 机构运动简图测绘虚拟实验

A.3.1 第三帧主程序

```
stop();
System.useCodepage = true;
// 使外部文件的中文字符能够正确显示;
var my_pb:mx.controls.ProgressBar;
var my_ldr:mx.controls.Loader;
var my_tree:mx.controls.Tree;
var flvpath:String = String("");
my_ldr.load("jgydjt/images/zhu.jpg");
my_pb._visible = false;
my_pb.indeterminate = true;
my_pb.setSize(800, 30);
my_pb.source = my_ldr;
my_pb.mode = "polled";
var pbListener:Object = new Object();
pbListener.complete = function(evt:Object) {
        evt.target._visible = false;
};
my_pb.addEventListener("complete", pbListener);
var treeDP_xml:XML = new XML();
treeDP_xml.ignoreWhite = true;
treeDP_xml.onLoad = function(success:Boolean) {
        if (success) {
                my_tree.dataProvider = this.firstChild;
        }
};
treeDP_xml.load("jgydjt/menu_tree.xml");
var treeListener:Object = new Object();
treeListener.change = function(evt:Object) {
        var treeNode:XMLNode = evt.target.selectedItem;
        if (treeNode.attributes.src != undefined) {
```

```
                    my_pb._visible = true;
                    my_title.text = treeNode.attributes.mytitle;
                    my_description.text = treeNode.attributes.description;
                    _root.transition.play();
my_ldr.load(treeNode.attributes.src);
                    bl = treeNode.attributes.ratio;
                    _root.enterflv.onRelease = function() {
                            flvpath = treeNode.attributes.myflv;
                            pdfpath = treeNode.attributes.mypdf;
swfpath=treeNode.attributes.myswf;
// 参考结果
        dof=treeNode.attributes.mydof;
        // 自由度
                            gotoAndStop(4);
                    };
        }
};
my_tree.addEventListener("change",treeListener);
```

A.3.2 第四帧主程序

```
this.cursor._visible = 0;
this.an1._visible = 0;
this.an2._visible = 0;
this.mmkt1._visible = 0;// 密码框
this.mmkt2._visible = 0;// 密码框
_root.qx._visible =0;
_root.qd._visible =0;
import mx.video.*;
var jdsbx:Number = _root.my_seekbar._x;
var jdsby:Number = _root.my_seekbar._y;
var jdcd:Number = _root.my_seekbar._width;
var jdb:Number = 0;
my_flvplay["_vp"][0]._video.smoothing = true;
// 视频清晰播放
```

```
_root.my_flvplay.contentPath = flvpath;

_root.my_flvplay.autoPlay = true;

_root.my_flvplay.autoSize = false;

_root.my_flvplay.playButton = this.pl;

_root.my_flvplay.pauseButton = this.measure;

_root.my_flvplay.bufferingBar = this.flvbar;

_root.my_flvplay.seekBar = this.my_seekBar;

onEnterFrame = function () {

        jdb = _root.my_flvplay.playheadPercentage;

        // 进度比

        _root.jdtt._xscale = jdb;

        cz = (_root.jdsb._x-jdsbx)/jdcd*100;

};

var myListener = new Object();

// 让视频循环播放

myListener.complete = function(eventObject) {

        my_flvplay.play();

};

my_flvplay.addEventListener("complete",myListener);
```

A. 3. 3 "an1" 按钮程序

```
on (release) {

        djx = _root._xmouse;

        djy = _root._ymouse;

        _root.an1._visible = 0;

        _root.an2._visible = 1;

}
```

A. 3. 4 "an2" 按钮程序

```
on (release) {

        tt1 = 0.1*Math.round(Math.abs(_root._xmouse-djx)*bl*10);

        tt2 = 0.1*Math.round(Math.abs(_root._ymouse-djy)*bl*10);

        tt3 = 0.1*Math.round((Math.sqrt(Math.pow(tt1, 2)+Math.pow(tt2, 2)))*10);

        tt4 = 0.1*Math.round((Math.asin(tt2/tt3)*180/Math.PI)*10);
```

```
// 测量数据，保留一位小数
        _root.an1._visible = 1;
        _root.an2._visible = 0;
this.createEmptyMovieClip("hx", 2);
        hx.lineStyle(1, 0xFF0000, 100);
        hx.moveTo(djx, djy);
        hx.lineTo(_root._xmouse, _root._ymouse);
// 绘测量辅助线
}
```

A.3.5 "measure" 开始测量按钮程序

```
on (release) {
        _root.an1._visible = 1;
        this._parent.back._visible = 0;
        this._parent.ckjg._visible = 0;
        this._parent.mmk._visible = 0;
        Mouse.hide();
        _root.cursor._visible = 1;
        // 让十字线跟随鼠标
        var mouseListener:Object = new Object();
        mouseListener.onMouseMove = function() {
                _root.cursor._x = _root._xmouse;
                _root.cursor._y = _root._ymouse;
                updateAfterEvent();
        };
        Mouse.addListener(mouseListener);
}
```

A.3.6 "pl" 停止测量按钮程序

```
on (release) {
        _root.an1._visible = 0;
        _root.an2._visible = 0;
        this._parent.back._visible = 1;
        this._parent.ckjg._visible = 1
```

```
_root.hx.removeMovieClip();
_root.cursor._visible = 0;
Mouse.show();
_root.tt1 = 0;
_root.tt2 = 0;
_root.tt3 = 0;
_root.tt4 = 0;
}
```

A.3.7 "参考结果"按钮程序

```
on (release) {
        this.mmkt1._visible = 1;// 密码框
        this.mmkt2._visible = 1;// 密码框
        _root.ckjg._visible = 0;
        _root.qx._visible =1;
        _root.qd._visible =1;
        mmkt1.text=" 请输入密码 ";
}
```

A.3.8 密码框"取消"按钮程序

```
on (release) {
        _root.mmkt1._visible = 0;
        _root.mmkt2._visible = 0;
        _root.ckjg._visible = 1;
        mmkt1.text = "";
        mmkt2.text = "";
        _root.qx._visible =0;
        _root.qd._visible =0;
        Mouse.show();
}
```

A.3.9 密码框"确定"按钮程序

```
on (release, keyPress "<Enter>") {
```

```
        if (mmkt2.text == "123") {
                mmkt2.text = "";
                _root.ckjg._visible = 1;
                gotoAndStop(5);
                Mouse.show();
        }
        mmkt1.text = " 密码错误 ";
}
```

A.3.10 第五帧主程序

```
dof_t = dof;
ckjtdh._visible = 1;
ckjtcc._visible = 0;
swf_play._visible = 0;
swf_pause._visible = 0;
loadMovie(swfpath, myswf_mc);
answer_mc.gotoAndStop(2);
```

A.3.11 "查看简图尺寸" 按钮程序

```
on (release) {
        jtan_j._visible = 0;
        jtan_d._visible = 1;
        swf_play._visible = 0;
        swf_pause._visible = 0;
        myswf_mc.gotoAndStop(1);
        ckjtdh._visible = 1;
        ckjtcc._visible = 0;
}
```

A.3.12 "查看简图动画" 按钮程序

```
on (release) {
        swf_play._visible = 0;
        swf_pause._visible = 1;
```

```
        myswf_mc.gotoAndPlay(2);
        ckjtdh._visible = 0;
        ckjtcc._visible = 1;
}
```

A.4　平面四杆机构运动原理虚拟实验

A.4.1　第三帧主程序

```
l1 = 50;
l2 = 100;
l3 = 120;
l4 = 150;
v = 60;
i = 0;
k = 1;
n = 1;
xa = 600;
ya = 300;
```

A.4.2　第四帧主程序

```
this.xtu._visible = 0;
this.df._visible = 0;
this.ycgj_an._visible = 0;
// "隐藏轨迹" 按钮不显示
this.xsgj_an._visible = 1;
// "显示轨迹" 按钮显示
gj = 0;
// 轨迹点是否隐藏，默认为隐藏
xe = 12/2;
ye = 0;
sjdc = 0;
sjsc_an._visible = 0;
tzsc_an._visible = 0;
```

```
// 数据导出按钮是否显示
bfb = 0.5;
// 默认连杆的中心点
xtux = 100;
xtuy = 0;
xtujd = 0;
// 小图上角度
zb._x = xa;
// 坐标位置
zb._y = ya;
this.jia1._x = xa;
this.jia1._y = ya;
duplicateMovieClip("dian", "da", 10);
da._x = xa;
da._y = ya;
duplicateMovieClip("da", "dd", 11);
duplicateMovieClip("da", "db", 12);
duplicateMovieClip("da", "dc", 13);
```

A. 4.3 第五帧主程序

```
xd = xa+l4;
yd = ya;
dd._x = xd;
dd._y = yd;
this.jia2._x = xd;
this.jia2._y = yd;
jbad = i*Math.PI/180;
lmax = Math.max(Math.max(l1, l2), Math.max(l3, l4));
lmin = Math.min(Math.min(l1, l2), Math.min(l3, l4));
lnd = Math.min(Math.max(l1, l2), Math.max(l3, l4));
lrd = Math.max(Math.min(l1, l2), Math.min(l3, l4));
alpha = Math.acos((Math.pow(l1, 2)+Math.pow(l4, 2)-Math.pow((l2-l3), 2))/(2*l1*l4));
bata = Math.acos((Math.pow(l1, 2)+Math.pow(l4, 2)-Math.pow((l2+l3), 2))/(2*l1*l4));
```

```
if (l1 == 0 || l2 == 0 || l3 == 0 || l4 == 0 || l1+l2+l3<=l4 || l2+l3+l4<=l1 || l1+l3+l4<=l2 ||
l1+l2+l4<=l3) {
jgmc = " 输入错误，请重新输入！ ";
        // 机构名称
        v = 0;
} else if (l1 == l3 && l2 == l4) {
        jgmc = " 双曲柄机构 ";
} else if (lmax+lmin<=lnd+lrd) {
        if (l1 == lmin) {
                jgmc = " 曲柄摇杆机构 ";
        } else if (l4 == lmin) {
                jgmc = " 双曲柄机构 ";
        } else if (l2 == lmin) {
                jgmc = " 双摇杆机构 ";
                if (jbad>(-alpha)) {
                        jbad = (-alpha);
                        k = 1;
                }
                if (jbad<(-bata)) {
                        jbad = (-bata);
                        k = 0;
                }
                if (jbad<=(-alpha) && k == 1) {
                        v = Math.abs(v);
                }
                if (jbad<=(-alpha) && k == 0) {
                        v = -Math.abs(v);
                }
        } else if (l3 == lmin) {
                jgmc = " 曲柄摇杆机构 ";
                if (jbad>(-alpha)) {
                        jbad = (-alpha);
                        k = 1;
                }
```

```
                  if (jbad<(-bata)) {
                          jbad = (-bata);
                          k = 0;
                  }
                  if (jbad<=(-alpha) && k == 1) {
                          v = Math.abs(v);
                          j = 1;
                  }
                  if (jbad<=(-alpha) && k == 0) {
                          v = -Math.abs(v);
                          j = 0;
                  }
          }
} else if (lmax+lmin>lnd+lrd) {
        jgmc = " 双摇杆机构 ";
        if (l1+l4<l2+l3) {
                  if (jbad>(-alpha)) {
                          jbad = (-alpha);
                          k = 1;
                  }
                  if (jbad<(-2*Math.PI+alpha)) {
                          jbad = (-2*Math.PI+alpha);
                          k = 0;
                  }
                  if (jbad<=(-alpha) && k == 1) {
                          v = Math.abs(v);
                  }
                  if (jbad<=(-alpha) && k == 0) {
                          v = -Math.abs(v);
                  }
          }
        if (l1+l4>l2+l3) {
                  if (jbad>bata) {
                          jbad = (bata);
```

```
                    k = 1;
            }
            if (jbad<(-bata)) {
                    jbad = (-bata);
                    k = 0;
            }
            if (jbad<=bata && k == 1) {
                    v = Math.abs(v);
            }
            if (jbad<=bata && k == 0) {
                    v = -Math.abs(v);
            }
        }
}
xb = xa+l1*Math.cos(jbad);
yb = ya+l1*Math.sin(jbad);
db._x = xb;
db._y = yb;
gbd = Math.sqrt(Math.pow(xd-xb, 2)+Math.pow(yd-yb, 2));
cos_jadb = (xd-xb)/gbd;
jadb = Math.acos(cos_jadb);
cos_jdbc = (Math.pow(l2, 2)+Math.pow(gbd, 2)-Math.pow(l3, 2))/(2*l2*gbd);
// 消除计算方式带来的误差
if (cos_jdbc>1) {
        cos_jdbc = 1;
}
if (cos_jdbc<-1) {
        cos_jdbc = -1;
}
jdbc = Math.acos(cos_jdbc);
if (yb>ya || j == 1) {
        jadb = -jadb;
}
jd2 = jdbc-jadb;
```

```
if (l1 == l3 && l2 == l4) {
        jd2 = 0;
}
dc._x = xb+l2*Math.cos(jd2);
dc._y = yb-l2*Math.sin(jd2);
if (j == 1) {
        dc._y = yb+l2*Math.sin(jd2);
}
xc = dc._x;
yc = dc._y;
tt6 = " 原动件当前转角： "+(-1)*Math.round(i*10)/10+" 度 ";
tt7 = "";
this.createEmptyMovieClip("hx", 2);
hx.lineStyle(5, 0xFF0000, 100);
hx.moveTo(xb, yb);
hx.lineTo(xa, ya);
hx.lineStyle(5, 0x000000, 100);
hx.lineTo(xd, yd);
hx.lineStyle(5, 0x0000FF, 100);
hx.lineTo(xc, yc);
hx.lineStyle(5, 0x00FF00, 100);
hx.lineTo(xb, yb);
if (gj == 1) {
        if (j == 1) {
                jd2 = -jd2;
        }
        xee = xb+l2/Math.cos(xtujd)*bfb*Math.cos(xtujd+jd2);
        yee = yb-l2/Math.cos(xtujd)*bfb*Math.sin(xtujd+jd2);
        //E 点前一个坐标
        duplicateMovieClip("gjd", "gjd"+n, 21+n);
        setProperty("gjd"+n, _x, xee);
        setProperty("gjd"+n, _y, yee);
        hx.lineStyle(3, 0x00FF00, 100);
        hx.moveTo(xb, yb);
```

```
hx.lineTo(xee, yee);
xxx = (Math.sqrt(Math.pow(xee-xe, 2)+Math.pow(yee-ye, 2)))*100;
xe = xb+l2/Math.cos(xtujd)*bfb*Math.cos(xtujd+jd2);
ye = yb-l2/Math.cos(xtujd)*bfb*Math.sin(xtujd+jd2);
tt7 = " 连 杆 附 件 点        X 坐 标 ："+Math.round((xe-xa)*10)/10+"        Y 坐 标：
"+Math.round((ya-ye)*10)/10+"        速度："+Math.round(xxx*10)/10+" 像素 / 秒 ";
if (sjdc == 1) {
        trace(-i+"            "+(xe-xa)+"                "+(ya-ye));
}
}
n = n+1;
if (n>=150) {
        n = 1;
}
i = i-v/30;
if (i<=-360) {
        i = 0;
}
}
```

A.4.4　第六帧主程序

```
gotoAndPlay(5);
```

A.4.5　主显示区左下角影片剪辑 "xtu" 程序

```
on (release) {
        this.df._x = this._xmouse;
        // 小图上点 f 的坐标为点击点
        this.df._y = this._ymouse;
        xtux = this.df._x-xtu._x;
        xtuy = xtu._y-this.df._y;
        bfb = xtux/200;
        xtujd = Math.abs(Math.atan(xtuy/xtux));
        if (this.df._y>xtu._y) {
                xtujd = -xtujd;
```

```
        }
        if (this.df._x<xtu._x) {
                xtujd = Math.abs(Math.PI+Math.atan(xtuy/xtux));
        }
}
```

A.4.6 第七帧主程序

```
_global.ydxt1 = 1;
_global.ydxt2 = 0;
_global.ydxt3 = 0;
tt8 = " 位置线图 ";
```

A.4.7 第八帧主程序

```
xd = xa+l4;
yd = ya;
jbad = i*Math.PI/180;
lmax = Math.max(Math.max(l1, l2), Math.max(l3, l4));
lmin = Math.min(Math.min(l1, l2), Math.min(l3, l4));
lnd = Math.min(Math.max(l1, l2), Math.max(l3, l4));
lrd = Math.max(Math.min(l1, l2), Math.min(l3, l4));
alpha = Math.acos((Math.pow(l1, 2)+Math.pow(l4, 2)-Math.pow((l2-l3), 2))/(2*l1*l4));
bata = Math.acos((Math.pow(l1, 2)+Math.pow(l4, 2)-Math.pow((l2+l3), 2))/(2*l1*l4));
if (l1 == 0 || l2 == 0 || l3 == 0 || l4 == 0 || l1+l2+l3<=l4 || l2+l3+l4<=l1 || l1+l3+l4<=l2 ||
l1+l2+l4<=l3) {
        jgmc = " 输入错误，请重新输入！ ";
        // 机构名称
        v = 0;
} else if (l1 == l3 && l2 == l4) {
        jgmc = " 双曲柄机构 ";
} else if (lmax+lmin<=lnd+lrd) {
        if (l1 == lmin) {
                jgmc = " 曲柄摇杆机构 ";
        } else if (l4 == lmin) {
```

```
                jgmc = " 双曲柄机构 ";
        } else if (l2 == lmin) {
                jgmc = " 双摇杆机构 ";
                if (jbad>(-alpha)) {
                        jbad = (-alpha);
                        k = 1;
                }
                if (jbad<(-bata)) {
                        jbad = (-bata);
                        k = 0;
                }
                if (jbad<=(-alpha) && k == 1) {
                        v = Math.abs(v);
                }
                if (jbad<=(-alpha) && k == 0) {
                        v = -Math.abs(v);
                }
        } else if (l3 == lmin) {
                jgmc = " 曲柄摇杆机构 ";
                if (jbad>(-alpha)) {
                        jbad = (-alpha);
                        k = 1;
                }
                if (jbad<(-bata)) {
                        jbad = (-bata);
                        k = 0;
                }
                if (jbad<=(-alpha) && k == 1) {
                        v = Math.abs(v);
                        j = 1;
                }
                if (jbad<=(-alpha) && k == 0) {
                        v = -Math.abs(v);
                        j = 0;
```

```
                }
            }
    } else if (lmax+lmin>lnd+lrd) {
            jgmc = " 双摇杆机构 ";
            if (l1+l4<l2+l3) {
                    if (jbad>(-alpha)) {
                            jbad = (-alpha);
                            k = 1;
                    }
                    if (jbad<(-2*Math.PI+alpha)) {
                            jbad = (-2*Math.PI+alpha);
                            k = 0;
                    }
                    if (jbad<=(-alpha) && k == 1) {
                            v = Math.abs(v);
                    }
                    if (jbad<=(-alpha) && k == 0) {
                            v = -Math.abs(v);
                    }
            }
            if (l1+l4>l2+l3) {
                    if (jbad>bata) {
                            jbad = (bata);
                            k = 1;
                    }
                    if (jbad<(-bata)) {
                            jbad = (-bata);
                            k = 0;
                    }
                    if (jbad<=bata && k == 1) {
                            v = Math.abs(v);
                    }
                    if (jbad<=bata && k == 0) {
                            v = -Math.abs(v);
```

```
            }
        }
    }
xb = xa+l1*Math.cos(jbad);

yb = ya+l1*Math.sin(jbad);

gbd = Math.sqrt(Math.pow(xd-xb, 2)+Math.pow(yd-yb, 2));

cos_jadb = (xd-xb)/gbd;

jadb = Math.acos(cos_jadb);

cos_jdbc = (Math.pow(l2, 2)+Math.pow(gbd, 2)-Math.pow(l3, 2))/(2*l2*gbd);

// 消除计算方式带来的误差

if (cos_jdbc>1) {
        cos_jdbc = 1;
}

if (cos_jdbc<-1) {
        cos_jdbc = -1;
}

jdbc = Math.acos(cos_jdbc);

if (yb>ya || j == 1) {
        jadb = -jadb;
}

jd2 = jdbc-jadb;

if (l1 == l3 && l2 == l4) {
        jd2 = 0;
}

xc = xb+l2*Math.cos(jd2);

yc = yb-l2*Math.sin(jd2);

if (j == 1) {
        yc = yb+l2*Math.sin(jd2);
}

theta1 = -i;

// 负号将旋转方向改成传统逆时针方向

if (theta1<0) {
        theta1 = theta1+360;
        // 限定 θ₁ 的范围为 0 ～ 360 度
```

```
}
if (xc>=xb && yc<=yb) {
        theta2 = Math.atan((yb-yc)/(xc-xb))*180/Math.PI;
}
if (xc<xb && yc<=yb) {
        theta2 = 180-Math.atan((yb-yc)/(xb-xc))*180/Math.PI;
}
if (xc<xb && yc>yb) {
        theta2 = 180+Math.atan((yc-yb)/(xb-xc))*180/Math.PI;
}
if (xc>=xb && yc>yb) {
        theta2 = 360-Math.atan((yc-yb)/(xc-xb))*180/Math.PI;
}
// 确定 θ₂ 的角度
if (xc>=xd && yc<=yd) {
        theta3 = Math.atan((yd-yc)/(xc-xd))*180/Math.PI;
}
if (xc<xd && yc<=yd) {
        theta3 = 180-Math.atan((yd-yc)/(xd-xc))*180/Math.PI;
}
if (xc<xd && yc>yd) {
        theta3 = 180+Math.atan((yc-yd)/(xd-xc))*180/Math.PI;
}
if (xc>=xd && yc>yd) {
        theta3 = 360-Math.atan((yc-yd)/(xc-xd))*180/Math.PI;
}
// 确定 θ₃ 的角度
omega1 = v*Math.PI/180;
// 将输入的速度 v 值转换成弧度 ω₁ 的值
omega2 = -omega1*l1*Math.sin((theta1-theta3)*Math.PI/180)/(l2*Math.sin((theta2-theta3)*Math.PI/180));
// 速度 ω₂
omega3 = omega1*l1*Math.sin((theta1-theta2)*Math.PI/180)/(l3*Math.sin((theta3-theta2)*Math.PI/180));
```

// 速度 ω_3

alpha2 = (-Math.pow(omega1, 2)*l1*Math.cos((theta1-theta3)*Math.PI/180)-Math.pow(omega2, 2)*l2*Math.cos((theta2-theta3)*Math.PI/180)+Math.pow(omega3, 2)*l3)/(l2*Math.sin((theta2-theta3)*Math.PI/180));

// 加速度 α_2

alpha3 = (Math.pow(omega1, 2)*l1*Math.cos((theta1-theta2)*Math.PI/180)+Math.pow(omega2, 2)*l2-Math.pow(omega3, 2)*l3*Math.cos((theta3-theta2)*Math.PI/180))/(l3*Math.sin((theta3-theta2)*Math.PI/180));

// 加速度 α_3

// 位置线图按钮执行

```
if (ydxt1 == 1) {
        zzb1 = 0;
        zzb2 = 60;
        zzb3 = 120;
        zzb4 = 180;
        zzb5 = 240;
        zzb6 = 300;
        zzb7 = 360;
        zzb8 = "(deg)";
        zzb9 = " ";
        tl = " θ ";
        duplicateMovieClip("ydx1", "qx111"+nn, 300+nn);
        setProperty("qx111"+nn, _x, ydx1._x+theta1*1.5);
        setProperty("qx111"+nn, _y, ydx1._y);
        // 复制影片剪辑 "ydx1" 形成位移线
        duplicateMovieClip("ydx2", "qx222"+nn, 1000+nn);
        setProperty("qx222"+nn, _x, ydx1._x+theta1*1.5);
        setProperty("qx222"+nn, _y, ydx1._y-theta2*1.5);
        duplicateMovieClip("ydx3", "qx333"+nn, 2000+nn);
        setProperty("qx333"+nn, _x, ydx1._x+theta1*1.5);
        setProperty("qx333"+nn, _y, ydx1._y-theta3*1.5);
}
```

// 速度线图按钮执行

```
if (ydxt2 == 1) {
```

```
        sdbl = 60;
        // 放大倍数增强显示
        zzb1 = -180/sdbl;
        zzb2 = -120/sdbl;
        zzb3 = -60.0/sdbl;
        zzb4 = 0;
        zzb5 = 60.0/sdbl;
        zzb6 = 120.0/sdbl;
        zzb7 = 180.0/sdbl;
        zzb8 = "(rad/s)";
        zzb9 = " ";
        tl = " ω ";
        duplicateMovieClip("ydx1", "qx111"+nn, 300+nn);
        setProperty("qx111"+nn, _x, ydx1._x+theta1*1.5);
        setProperty("qx111"+nn, _y, ydx1._y-omega1*sdbl*1.5-180*1.5);
        duplicateMovieClip("ydx2", "qx222"+nn, 1000+nn);
        setProperty("qx222"+nn, _x, ydx1._x+theta1*1.5);
        setProperty("qx222"+nn, _y, ydx1._y-omega2*sdbl*1.5-180*1.5);
        duplicateMovieClip("ydx3", "qx333"+nn, 2000+nn);
        setProperty("qx333"+nn, _x, ydx1._x+theta1*1.5);
        setProperty("qx333"+nn, _y, ydx1._y-omega3*sdbl*1.5-180*1.5);
}
// 加速度线图按钮执行
if (ydxt3 == 1) {
        zzb1 = "-18";
        zzb2 = "-12";
        zzb3 = "-6";
        zzb4 = 0;
        zzb5 = "6";
        zzb6 = "12";
        zzb7 = "18";
        zzb8 = "(rad/s  )";
        zzb9 = "2";
        tl = " α ";
```

```
        duplicateMovieClip("ydx1", "qx111"+nn, 300+nn);
        setProperty("qx111"+nn, _x, ydx1._x+theta1*1.5);
        setProperty("qx111"+nn, _y, ydx1._y-180*1.5);
        duplicateMovieClip("ydx2", "qx222"+nn, 1000+nn);
        setProperty("qx222"+nn, _x, ydx1._x+theta1*1.5);
        setProperty("qx222"+nn, _y, ydx1._y-alpha2*10*1.5-180*1.5);
        //*10 放大倍数增强显示
        duplicateMovieClip("ydx3", "qx333"+nn, 2000+nn);
        setProperty("qx333"+nn, _x, ydx1._x+theta1*1.5);
        setProperty("qx333"+nn, _y, ydx1._y-alpha3*10*1.5-180*1.5);
}
nn = nn+1;
if (nn>=200) {
        nn = 1;
}
i = i-v/30;
if (i<=-360) {
        i = 0;
}
```

A.4.8　第九帧主程序

```
gotoAndPlay(8);
```

A.4.9　"位置线图"按钮程序

```
on (release) {
        _global.ydxt1 = 1;
        _global.ydxt2 = 0;
        _global.ydxt3 = 0;
        tt8 = " 位置线图 ";
}
```

A.4.10　"速度线图"按钮程序

```
on (release) {
```

```
        _global.ydxt1=0;
        _global.ydxt2=1;
        _global.ydxt3=0;
        tt8=" 速度线图 ";
}
```

A.4.11 "加速度线图"按钮程序

```
on (release) {
        _global.ydxt1=0;
        _global.ydxt2=0;
        _global.ydxt3=1;
        tt8=" 加速度线图 ";
}
```

A.4.12 "关闭运动线"按钮程序

```
on (release) {
        for (iii=0; iii<1000; iii++) {
        removeMovieClip(this["qx111"+iii]);
        removeMovieClip(this["qx222"+iii]);
        removeMovieClip(this["qx333"+iii]);
        }
        removeMovieClip("ydx1");
        removeMovieClip("ydx2");
        removeMovieClip("ydx3");
        gotoAndPlay(4);
}
```

A.5 渐开线齿轮范成虚拟实验

A.5.1 第三帧主程序

```
stop();
cs1.restrict = "0-9 \\.";
// 只能输入数字、减号、点
```

```
cs2.restrict = "0-9 \\- \\. \\+";
cs3.restrict = "0-9 \\- \\. \\+";
cs4.restrict = "0-9 \\- \\. \\+";
cs5.restrict = "0-9 \\- \\. \\+";
cs6.restrict = "0-9 \\- \\. \\+";
cs1.fontSize = 16;
cs2.fontSize = 16;
cs3.fontSize = 16;
cs4.fontSize = 16;
cs5.fontSize = 16;
cs6.fontSize = 16;
// 右对齐
cs1.maxChars = 4;
cs2.maxChars = 4;
cs3.maxChars = 4;
cs4.maxChars = 4;
cs5.maxChars = 4;
cs6.maxChars = 4;
cs1.color = 0xff0000;
cs2.color = 0xff0000;
cs3.color = 0xff0000;
cs4.color = 0xff0000;
cs5.color = 0xff0000;
cs6.color = 0xff0000;
this.msxzk._visible = 0;// 模数选择框
this.zc._visible = 0;// 展成按钮
this.tl._visible = 0;// 图例
_global.jd = 2;// 每次转过的角度
fcx=fc._x;
fcy=fc._y;
zjxs._visible=0;// 最佳显示
```

A.5.2 "确定"按钮程序

```
on (release, keyPress "<Enter>") {
```

```
_global.m = cs1.text;            // 模数

_global.z = cs2.text;            // 齿数

_global.alpha = cs3.text*Math.PI/180;

// 压力角 ( 转化成弧度 )

_global.ha_x = cs4.text;

// 齿顶高系数

_global.c_x = cs5.text;

// 顶隙系数

_global.bwxs = cs6.text;

// 变位系数

_global.d = m*z;

_global.ha = ha_x*m;

_global.hf = ha_x*m+c_x*m;

_global.da = z*m+2*(ha_x*m+bwxs*m);

_global.df = z*m-2*(ha_x*m+c_x*m-bwxs*m);

_global.db = m*z*Math.cos(alpha);

_global.p = Math.PI*m;

_global.s = Math.PI*m/2;

txt1.text = 0.001*Math.round(1000*d)+"mm";

txt2.text = 0.001*Math.round(1000*da)+"mm";

txt3.text = 0.001*Math.round(1000*df)+"mm";

txt4.text = 0.001*Math.round(1000*db)+"mm";

txt5.text = 0.001*Math.round(1000*(ha+bwxs*m))+"mm"; // 齿顶高

txt6.text = 0.001*Math.round(1000*(hf-bwxs*m))+"mm";

// 齿根高

txt7.text = 0.001*Math.round(1000*p)+"mm";

// 齿距

txt8.text = 0.001*Math.round(1000*(s+2*m*bwxs*Math.tan(alpha)))+"mm";  // 齿厚

inv_alpha = Math.tan(alpha)-alpha;

alpha_a = Math.acos(db/da);

alpha_b = Math.acos(db/db);

inv_alpha_a = Math.tan(alpha_a)-alpha_a;

inv_alpha_b = Math.tan(alpha_b)-alpha_b;

sa = (s+2*m*bwxs*Math.tan(alpha))*da/d-da*(inv_alpha_a-inv_alpha);
```

```
// 齿顶圆齿厚
sb = (s+2*m*bwxs*Math.tan(alpha))*db/d-db*(inv_alpha_b-inv_alpha);// 基圆齿厚
txtsa.text = 0.001*Math.round(1000*sa)+"mm";
txtsf.text = 0.001*Math.round(1000*sb)+"mm";
//trace(sb);
this.tl._visible = 1;  // 图例
this.zc._visible = 1;  // 展成按钮
_global.bl = 550/da;
// 最大显示比例
txt9.text = 0.01*Math.round(100*bl*fc._xscale/100)+":"+" 1";
this.fc.fdy._height = d*bl;
this.fc.fdy._width = d*bl;
this.fc.cdy._height = da*bl;
this.fc.cdy._width = da*bl;
this.fc.cgy._height = df*bl;
this.fc.cgy._width = df*bl;
this.fc.jy._height = db*bl;
this.fc.jy._width = db*bl;
_global.wy = jd*Math.PI/180*this.fc.fdy._width/2;
// 齿条每次向前移动的距离
_global.bw = bwxs*m;
_root.fc.ct1._x = _root.fc.fdy._x;
// 齿条尺子
_root.fc.ct1._y = _root.fc.fdy._y;
_root.fc.ct._x = _root.fc.fdy._x;
// 齿条轨迹
_root.fc.ct._y = _root.fc.fdy._y;
_root.fc.fdx._y = _root.fc.fdy._y+d/2*bl+bw*bl;
}
```

A.5.3 第四帧主程序

```
stop();
txt10.text = m;
```

```
txt11.text = z;

txt12.text = alpha*180/Math.PI;

txt13.text = ha_x;

txt14.text = c_x;

txt15.text = bwxs;

_global.rho = 0.38*m;

// 齿条刀具圆角半径

_root.fc.ct1.createEmptyMovieClip("hxct", 1);

// 划齿条

_root.fc.ct1.hxct.lineStyle(2/bl, 0xFF00FF, 100);

// 保持线粗为 2

qdx = -3*p;

// 起点坐标

qdy = hf+d/2+bw;

l3 = ha_x*m*Math.tan(alpha);

l4 = (ha_x*m+c_x*m)*Math.tan(alpha);

l5 = c_x*m*Math.tan(alpha);

l1 = Math.PI*m/2-2*l3-2*rho*Math.cos(alpha);

l2 = Math.PI*m/2-2*l4;

l6 = (l2-l1)/2;

_root.fc.ct1.hxct.moveTo(qdx, qdy);

for (i=0; i<z+1; i++) {

        Ax = i*p+qdx;

        Ay = qdy;

        Bx = Ax+l1;

        By = Ay;

        Mx = Bx+l6+l5;

        My = By;

        Cx = Mx+l5;

        Cy = My-c_x*m;

        Dx = Cx+2*l3;

        Dy = Cy-2*ha;

        Nx = Dx+l5;

        Ny = Dy-c_x*m;
```

```
            Ex = Nx+l6;

            Ey = Ny;

            Fx = Ex+l1;

            Fy = Ey;

            Ox = Fx+l6;

            Oy = Fy;

            Gx = Ox+l5;

            Gy = Oy+c_x*m;

            Hx = Gx+2*l3;

            Hy = Gy+2*ha;

            Qx = Hx+l5;

            Qy = Hy+c_x*m;

            Ix = Qx+l6;

            Iy = Qy;

            this.fc.ct1.hxct.lineTo(Bx, By);

            this.fc.ct1.hxct.curveTo(Mx, My, Cx, Cy);

            this.fc.ct1.hxct.lineTo(Dx, Dy);

            this.fc.ct1.hxct.curveTo(Nx, Ny, Ex, Ey);

            this.fc.ct1.hxct.lineTo(Fx, Fy);

            this.fc.ct1.hxct.curveTo(Ox, Oy, Gx, Gy);

            this.fc.ct1.hxct.lineTo(Hx, Hy);

            this.fc.ct1.hxct.curveTo(Qx, Qy, Ix, Iy);

}
_root.fc.ct1.hxct._xscale = _root.fc.ct1.hxct._xscale*bl;
_root.fc.ct1.hxct._yscale = _root.fc.ct1.hxct._yscale*bl;
k = 1;
gotoAndPlay(6);
```

A.5.4 第五帧主程序

```
duplicateMovieClip(_root.fc.ct, "ct_"+k, k+1);
_root.fc["ct_"+k].createEmptyMovieClip("hxct", 10+k);
// 划齿条轨迹
this.fc["ct_"+k].hxct.lineStyle(0.25/bl, 0x000000, 30);
// 保持线粗为 0.25
```

```
this.fc["ct_"+k].hxct.moveTo(qdx, qdy);
for (i=0; i<z+1; i++) {
        Ax = i*p+qdx;
        Ay = qdy;
        Bx = Ax+l1;
        By = Ay;
        Mx = Bx+l6+l5;
        My = By;
        Cx = Mx+l5;
        Cy = My-c_x*m;
        Dx = Cx+2*l3;
        Dy = Cy-2*ha;
        Nx = Dx+l5;
        Ny = Dy-c_x*m;
        Ex = Nx+l6;
        Ey = Ny;
        Fx = Ex+l1;
        Fy = Ey;
        Ox = Fx+l6;
        Oy = Fy;
        Gx = Ox+l5;
        Gy = Oy+c_x*m;
        Hx = Gx+2*l3;
        Hy = Gy+2*ha;
        Qx = Hx+l5;
        Qy = Hy+c_x*m;
        Ix = Qx+l6;
        Iy = Qy;
        this.fc["ct_"+k].hxct.lineTo(Bx, By);
        this.fc["ct_"+k].hxct.curveTo(Mx, My, Cx, Cy);
        this.fc["ct_"+k].hxct.lineTo(Dx, Dy);
        this.fc["ct_"+k].hxct.curveTo(Nx, Ny, Ex, Ey);
        this.fc["ct_"+k].hxct.lineTo(Fx, Fy);
        this.fc["ct_"+k].hxct.curveTo(Ox, Oy, Gx, Gy);
```

```
        this.fc["ct_"+k].hxct.lineTo(Hx, Hy);
        this.fc["ct_"+k].hxct.curveTo(Qx, Qy, Ix, Iy);
}
this.fc["ct_"+k].hxct._xscale = this.fc["ct_"+k].hxct._xscale*bl;
this.fc["ct_"+k].hxct._yscale = this.fc["ct_"+k].hxct._yscale*bl;
this.fc["ct_"+k]._rotation = jd*k;
this.fc.zx._rotation = jd*k;
this.fc.ct1.hxct._x = -wy*k;
for (j=0; j<k; j++) {
        this.fc["ct_"+j].hxct._x = -wy*(k-j);
        //this["ct_"+j].swapDepths(_root.jm);
}
k++;
```

A.5.5 "自动完成"按钮程序

```
on (release) {        gotoAndStop(7);  }
```

A.5.6 "逐步运行"按钮程序

```
on (release) {        gotoAndPlay(5);  }
```

A.5.7 视口缩放恢复按钮程序

```
on (release, keyPress "a") {
        this.fc._x = fcx;
        this.fc._y = fcy;
        this.fc._yscale = 100;
        this.fc._xscale = 100;
        txt9.text = 0.01*Math.round(100*bl*fc._xscale/100)+":"+" 1";
        zjxs._visible=0;
}
```

A.5.8 第六帧主程序

```
stop();
// 通过鼠标滚轮缩放
```

```
var mouseListener:Object = new Object();
mouseListener.onMouseWheel = function(delta) {
        fc._xscale += delta;
        fc._yscale += delta;
        txt9.text = 0.01*Math.round(100*bl*fc._xscale/100)+":"+" 1";
        zjxs._visible=1;// 最佳显示
};
Mouse.addListener(mouseListener);
```

A.5.9 第七帧主程序

```
for (i=1; i<10000; i++) {
        removeMovieClip(this.fc["ct_"+i]);
}
_root.fc.zx._rotation = 0;
for (k=1; k<=360/jd; k++) {
        duplicateMovieClip(_root.fc.ct, "ct_"+k, k+1);
        _root.fc["ct_"+k].createEmptyMovieClip("hxct", 10+k);      // 划齿条轨迹
        this.fc["ct_"+k].hxct.lineStyle(0.25/bl, 0x000000, 30);
        // 保持线粗为 0.25
this.fc["ct_"+k].hxct.moveTo(qdx, qdy);
        for (i=0; i<z+1; i++) {
                Ax = i*p+qdx;
                Ay = qdy;
                Bx = Ax+l1;
                By = Ay;
                Mx = Bx+l6+l5;
                My = By;
                Cx = Mx+l5;
                Cy = My-c_x*m;
                Dx = Cx+2*l3;
                Dy = Cy-2*ha;
                Nx = Dx+l5;
                Ny = Dy-c_x*m;
                Ex = Nx+l6;
```

```
                        Ey = Ny;
                        Fx = Ex+l1;
                        Fy = Ey;
                        Ox = Fx+l6;
                        Oy = Fy;
                        Gx = Ox+l5;
                        Gy = Oy+c_x*m;
                        Hx = Gx+2*l3;
                        Hy = Gy+2*ha;
                        Qx = Hx+l5;
                        Qy = Hy+c_x*m;
                        Ix = Qx+l6;
                        Iy = Qy;
this.fc["ct_"+k].hxct.lineTo(Bx, By);
this.fc["ct_"+k].hxct.curveTo(Mx, My, Cx, Cy);
this.fc["ct_"+k].hxct.lineTo(Dx, Dy);
this.fc["ct_"+k].hxct.curveTo(Nx, Ny, Ex, Ey);
this.fc["ct_"+k].hxct.lineTo(Fx, Fy);
this.fc["ct_"+k].hxct.curveTo(Ox, Oy, Gx, Gy);
this.fc["ct_"+k].hxct.lineTo(Hx, Hy);
this.fc["ct_"+k].hxct.curveTo(Qx, Qy, Ix, Iy);
                }
                this.fc["ct_"+k].hxct._xscale = this.fc["ct_"+k].hxct._xscale*bl;
                this.fc["ct_"+k].hxct._yscale = this.fc["ct_"+k].hxct._yscale*bl;
                this.fc["ct_"+k]._rotation = jd*k;
                this.fc.zx._rotation = jd*k;
                this.fc.ct1.hxct._x = -wy*k;
                for (j=0; j<k; j++) {
                        this.fc["ct_"+j].hxct._x = -wy*(k-j);
                }
        }
}
var mouseListener:Object = new Object();
mouseListener.onMouseWheel = function(delta) {
        fc._xscale += delta;
```

```
        fc._yscale += delta;
        txt9.text = 0.01*Math.round(100*bl*fc._xscale/100)+":"+" 1";
        zjxs._visible = 1;
};
Mouse.addListener(mouseListener);
```

A.5.10 第八帧主程序

```
// 背景底板
this.bjdb1._visible = 0;
this.bjdb2._visible = 0;
this.bjdb3._visible = 0;
this.bjdb4._visible = 0;
// 模数选择框
this.msxzk1._visible = 0;
this.msxzk2._visible = 0;
this.msxzk3._visible = 0;
this.msxzk4._visible = 0;
// 几何参数显示
this.bjtxt1._visible = 0;
this.bjtxt2._visible = 0;
this.bjtxt3._visible = 0;
this.bjtxt4._visible = 0;
// 各范成内容
this.fc1._visible = 0;
this.fc2._visible = 0;
this.fc3._visible = 0;
this.fc4._visible = 0;
zjxs._visible = 0;
// 最佳显示
jd = 2;
fc1x = fc1._x;
fc1y = fc1._y;
fc2x = fc2._x;
```

```
fc2y = fc2._y;
fc3x = fc3._x;
fc3y = fc3._y;
fc4x = fc4._x;
fc4y = fc4._y;
// 默认齿根圆大小;
da1 = 0;
da2 = 0;
da3 = 0;
da4 = 0;
// 默认
var mouseListener:Object = new Object();
mouseListener.onMouseWheel = function(delta) {
        gbj_bl += delta;
        txt.text = 0.01*Math.round(100*gbj_bl)+":"+" 1";
        zjxs._visible = 1;
        fc1._xscale = 100*gbj_bl;
        fc1._yscale = 100*gbj_bl;
        fc2._xscale = 100*gbj_bl;
        fc2._yscale = 100*gbj_bl;
        fc3._xscale = 100*gbj_bl;
        fc3._yscale = 100*gbj_bl;
        fc4._xscale = 100*gbj_bl;
        fc4._yscale = 100*gbj_bl;
};
Mouse.addListener(mouseListener);
```

A. 6 机械加工误差统计分析虚拟实验

A. 6. 1 "加工轴径"按钮程序

```
on (release) {
        nextFrame();
        tit = " 轴径加工的理想尺寸为 ";
```

```
        pd = 1;
}
```

A. 6. 2 "加工孔径"按钮程序

```
on (release) {
        nextFrame();
        tit = " 孔径加工的理想尺寸为 ";
        pd = 0;
}
```

A. 6. 3 "输入数据"按钮程序

```
on (release) {
        gotoAndStop(7);
        pd=2;
}
```

A. 6. 4 第四帧主程序

```
stop();
function randRange(min:Number, max:Number):Number {
        var randomNum:Number = Math.floor(Math.random()*(max-min+1))+min;
        return randomNum;
}
var size:Number = randRange(10, 90);
if (pd == 1) {
        var es:Number = 0;
        var ei:Number = -0.001*randRange(30, 90);
        txtt2 = es;
}
if (pd == 0) {
        var es:Number = 0.001*randRange(30, 90);
        var ei:Number = 0;
        txtt2 = "+"+es;
}
```

```
txtt1 = " Φ "+size;
txtt3 = ei;
t = es-ei;
// 尺寸公差
var cp:Number = 0.01*randRange(67, 167);
// 工序能力序数
```

A.6.5 第四帧"确认"按钮程序

```
on (release, keyPress "<Enter>") {
        nextFrame();
        n = Number(tt1);
        if (pd == 1) {
                flvpath = "wctjfx/flvs/1.flv";  }
        if (pd == 0) {
                flvpath = "wctjfx/flvs/2.flv";  }
}
```

A.6.6 第五帧主程序

```
stop();
tt1=n;
my_msg.text = " 正在加工中，请稍后 ......        若要跳过加工过程，请直接单
击 "数据记录" 按钮 ";
import mx.video.*;
var jdsbx:Number = _root.my_seekbar._x;
var jdsby:Number = _root.my_seekbar._y;
var jdcd:Number = _root.my_seekbar._width;
var jdb:Number = 0;
my_flvplay["_vp"][0]._video.smoothing = true;
// 视频清晰播放
_root.my_flvplay.contentPath = flvpath;
_root.my_flvplay.autoPlay = true;
_root.my_flvplay.autoSize = true;
_root.my_flvplay.playButton = this.pl;
```

```
_root.my_flvplay.pauseButton = this.measure;
_root.my_flvplay.bufferingBar = this.flvbar;
_root.my_flvplay.seekBar = this.my_seekBar;
onEnterFrame = function () {
        jdb = _root.my_flvplay.playheadPercentage;
        // 进度比
        _root.jdtt._xscale = jdb;
        cz = (_root.jdsb._x-jdsbx)/jdcd*100;
};
var myListener = new Object();
// 让视频循环播放
myListener.complete = function(eventObject) {
        this.jlsj._visible = 1;
        my_msg.text = " 加工完成，请单击 "数据记录" 查看测量结果记录 ";
};
my_flvplay.addEventListener("complete",myListener);
```

A.6.7 第五帧 "数据记录" 按钮程序

```
on (release) {        nextFrame();  }
```

A.6.8 第六帧主程序

```
stop();
// 采用中心极限定理生成数据
var mu:Number = 0.001*randRange(0, Math.round(1000*t/3));
// 初设位置参数
if (pd == 1) {
        mu = -mu;
}
if (pd == 0) {
        mu = mu;
}
lsh = 10;
// 数据排列列数
```

```
j = 0;
k = 0;
var sigma:Number = t/cp/6;
var uz:Array = Array();
var zn:Array = Array();
var my_fmt:TextFormat = new TextFormat();
// 数据显示模式
my_fmt.bold = true;
my_fmt.font = "Arial";
my_fmt.size = 18;
my_fmt.color = 0xFFFFFF;
for (var i = 0; i<n; i++) {
        uz[i] = 0;
        for (var ii = 0; ii<1000; ii++) {
                u1 = Math.random();
                uz[i] = uz[i]+u1;
        }
        yn = (uz[i]-1000*0.5)/Math.sqrt(1000/12);
        zn[i] = 0.001*Math.round((sigma*yn+size+(es+ei)/2+mu)*1000);
        if (i-lsh*j>=lsh) {
                j = j+1;
                k = 0;
        }
        var tt:TextField = createTextField("txt"+i, 10+i, 200+80*k, 5+kkk._y+200*30/n*j, 70, 30);
        // 默认 200 个数据满框显示
        tt.text = zn[i];
        tt.setTextFormat(my_fmt);
        k = k+1;
}
```

A.6.9 第六帧"数据保存"按钮程序

```
on (release) {
        gotoAndStop(8);
```

}

A.6.10 第七帧主程序

```
lxcc.restrict = "0-9 \\- \\. \\+";
// 只能输入数字、减号、点
lxcc1.restrict = "0-9 \\- \\. \\+";
lxcc2.restrict = "0-9 \\- \\. \\+";
lxcc.fontSize = 24;
lxcc1.fontSize = 16;
lxcc2.fontSize = 16;
lxcc.textAlign = "right";
// 右对齐
lxcc1.textAlign = "left";
lxcc2.textAlign = "left";
lxcc.maxChars = 3;
lxcc1.maxChars = 7;
lxcc2.maxChars = 7;
lxcc.color = 0xff0000;
lxcc1.color = 0xff0000;
lxcc2.color = 0xff0000;
bcsj._visible = 0;
```

A.6.11 第七帧"确定"按钮程序

```
on (release, keyPress "<Enter>") {
        n = Number(tt1);
        lsh = 10;
        // 数据排列列数
        j = 0;
        k = 0;
        for (var i = 0; i<1000; i++) {
                setProperty("txt"+i, _visible, 0);
        }
        for (var i = 0; i<n; i++) {
```

```
                        if (i-lsh*j>=lsh) {
                                j = j+1;
                                k = 0;
                        }
                        duplicateMovieClip(lxcc, "txt"+i, 10+i);
                        setProperty("txt"+i, _x, 194+80*k);
                        // 默认 200 个数据满框显示
                        setProperty("txt"+i, _y, 5+kkk._y+200*30/n*j);
                setProperty("txt"+i, _visible, 1);
                _root["txt"+i].setSize(70, 28);
                _root["txt"+i].restrict = "0-9 \\- \\.";
                        // 只能输入数字、减号、点
                _root["txt"+i].fontSize = 20;
                _root["txt"+i].textAlign = "right";
                        // 右对齐
                _root["txt"+i].maxChars = 6;
                        // 最多输入 6 个字符
                        k = k+1;
                }
                bcsj._visible=1;
}
```

A.6.12 第七帧 "保存数据" 按钮程序

```
on (release) {
        srts_z = 1;
        // 输入提示值
        var zn:Array = Array();
        size = Number(lxcc.text);
        es = Number(lxcc1.text);
        ei = Number(lxcc2.text);
        for (i=0; i<n; i++) {
                zn[i] = Number(_root["txt"+i].text);
                if (_root["txt"+i].text == "" || lxcc.text == "" || lxcc1.text == "" || lxcc2.text ==
"") {
```

```
                            srts_z = 0;
                }
        }
        if (srts_z == 0) {
                this.srts.text = " 数据没有输入完整，请确认 !";
        }
        if (srts_z == 1) {
                gotoAndStop(8);
        }
}
```

A. 6. 13 第八帧主程序

```
this.attachMovie("srtsk", "srtsk", 10000);
srtsk._x = 550;
srtsk._y = 300;
srtsk.srts.text = " 请输入要存储数据的文件名 ";
// 输入提示
stop();
var temp = [];
var long;
var my_share = SharedObject.getLocal("mydat-wc");
if (my_share.data.datname == undefined) {
        my_share.data.datname = [];
} else {
        var i = 0;
        while (i<my_share.data.datname.length) {
                com_box.addItem({label:my_share.data.datname[i][0], data:my_share.data.
datname[i][1]});
                temp.push([my_share.data.datname[i][0], my_share.data.datname[i][1]]);
                ++i;
        }
}
var my_dat = [pd, n, size, es, ei, zn];
srtsk.enter_btn.onPress = function() {
```

```
        srtsk.srts = "";

        my_share.data.datname.push([srtsk.name_txt.text, my_dat]);

        com_box.addItem({label:srtsk.name_txt.text, data:my_dat});

        my_share.flush();

        name_txt._visible = 0;

        removeMovieClip("srtsk");

        nextFrame();
}
```

A.6.14　第九帧主程序

```
stop();
this.mmkt1._visible = 0;// 密码框
this.mmkt2._visible = 0;// 密码框
_root.qx._visible =0;
_root.qd._visible =0;
sjfx._visible = 0;
// 数据分析按钮
tt1 = " 数量为 "+n+" 件 ";
delete_btn.onRelease = function() {
        var _loc3 = _root.com_box.selectedIndex;
        long = _root.com_box.length;
        _root.com_box.removeItemAt(_loc3);
        temp.splice(_loc3, 1);
        my_share.data.datname = [];
        for (var _loc2 = 0; _loc2<temp.length; ++_loc2) {
                my_share.data.datname.push([temp[_loc2][0], temp[_loc2][1]]);
        }
        my_share.flush();
};
var my_fmt:TextFormat = new TextFormat();
my_fmt.bold = true;
my_fmt.font = "Arial";
my_fmt.size = 18;
my_fmt.color = 0xFFFFFF;
```

```
lsh = 10;
var jl_zn = [];
var my_accListener:Object = new Object();
my_accListener.change = function(evt:Object) {
        jl_mydat = evt.target.selectedItem.data;
        // 记录中的数据
        jl_zn = jl_mydat[5];
        // 记录中的 zn 值
        if (jl_mydat[0] == 1) {
        tit = " 轴径加工的理想尺寸为 ";
                txtt2 = jl_mydat[3];
                txtt3 = jl_mydat[4];
        }
        if (jl_mydat[0] == 0) {
        tit = " 孔径加工的理想尺寸为 ";
                txtt2 = "+"+jl_mydat[3];
                txtt3 = jl_mydat[4];
        }
        if (jl_mydat[0] == 2) {
                tit = " 加工的理想尺寸为 ";
                if (jl_mydat[3]>0) {
                        txtt2 = "+"+jl_mydat[3];
                } else {
                        txtt2 = jl_mydat[3];
                }
                if (jl_mydat[4]>0) {
                        txtt3 = "+"+jl_mydat[4];
                } else {
                        txtt3 = jl_mydat[4];
                }
        }
        txtt1 = " Φ "+jl_mydat[2];
        tt1 = " 数量为 "+jl_mydat[1]+" 件 ";
        j = 0;
```

```
        k = 0;
        for (var i = 0; i<n; i++) {
        removeMovieClip("txt"+i);
        }
        n = jl_mydat[1];
        for (var i = 0; i<n; i++) {
                if (i-lsh*j>=lsh) {
                        j = j+1;
                        k = 0;
                }
                var tt:TextField = createTextField("txt"+i, 10+i, 200+80*k, 5+kkk._y+200*30/
n*j, 70, 30);
                // 默认 200 个数据满框显示
                tt.text = jl_zn[i];
                tt.setTextFormat(my_fmt);
                k = k+1;
        }
        sjfx._visible = 1;
        mmk._visible = 0;
};
com_box.addEventListener("change", my_accListener);
```

A.6.15　"数据分析"按钮程序

```
on (release) {
        this.mmkt1._visible = 1;// 密码框
        this.mmkt2._visible = 1;// 密码框
        _root.sjfx._visible = 0;
        _root.qx._visible =1;
        _root.qd._visible =1;
        mmkt1.text=" 请输入密码 ";
}
```

A. 6. 16 第十帧主程序

```
stop();
if (jl_mydat[0] == 1) {
        tit = " 轴径加工的理想尺寸为 ";
        txtt2 = jl_mydat[3];
        txtt3 = jl_mydat[4];
}
if (jl_mydat[0] == 0) {
        tit = " 孔径加工的理想尺寸为 ";
        txtt2 = "+"+jl_mydat[3];
        txtt3 = jl_mydat[4];
}
if (jl_mydat[0] == 2) {
        tit = " 加工的理想尺寸为 ";
        if (jl_mydat[3]>0) {
                txtt2 = "+"+jl_mydat[3];
        } else {
                txtt2 = jl_mydat[3];
        }
        if (jl_mydat[4]>0) {
                txtt3 = "+"+jl_mydat[4];
        } else {
                txtt3 = jl_mydat[4];
        }
}
txtt1 = " Φ "+jl_mydat[2];
tt1 = n;
var zn_max:Number = 0;
var zn_min:Number = 1000;
var zn_sum:Number = 0;
for (var i = 0; i<n; i++) {
        removeMovieClip("txt"+i);
        zn_sum = zn_sum+Number(jl_zn[i]);
```

```
            zn_max = Math.max(zn_max, jl_zn[i]);

            zn_min = Math.min(zn_min, jl_zn[i]);

}

var fzs:Number = 4;

// 分组数

if (n>=25 && n<40) {

            fzs = 6;

}

if (n>=40 && n<60) {

            fzs = 7;

}

if (n>=60 && n<100) {

            fzs = 8;

}

if (n == 100) {

            fzs = 10;

}

if (n>100 && n<160) {

            fzs = 11;

}

if (n>=160 && n<=250) {

            fzs = 12;

}

if (n>250) {

            fzs = 15;

}

var d:Number = 0.0001*Math.round((zn_max-zn_min)/(fzs-1)*10000);

var ps:Array = Array();// 频数

var ps_max:Number = 0;

for (var zj = 0; zj<fzs; zj++) {

        ps[zj] = 0;

        for (var i = 0; i<n; i++) {

                if (jl_zn[i]>=zn_min+zj*d-d/2 && jl_zn[i]<zn_min+zj*d+d/2) {

                        ps[zj] = ps[zj]+1;
```

```
            }
        }
        ps_max = Math.max(ps_max, ps[zj]);
}
// 生成坐标刻度
var zbz_max:Number = 10*(Math.floor(ps_max/10)+1);
for (zbz=0; zbz<=zbz_max; zbz++) {
        duplicateMovieClip(zb, "zb"+zbz, 1000+zbz);
        setProperty("zb"+zbz, _x, zb._x);
        setProperty("zb"+zbz, _y, zb._y-zbz*320/zbz_max);
        //320 为纵坐标可用总位置
        if (zbz%10 == 0) {
                setProperty("zb"+zbz, _xscale, 250);
        } else if (zbz%5 == 0) {
                setProperty("zb"+zbz, _xscale, 150);
        }
}
// 生成适合显示的直方图
for (var zj = 0; zj<fzs; zj++) {
        duplicateMovieClip(zft, "zft"+zj, 2000+zj);
        setProperty("zft"+zj, _x, yzb._x+80+zj*zft.zft._width);
        //80 为距纵坐标的距离
        setProperty("zft"+zj, _y, xzb._y);
        _root["zft"+zj].zft._yscale = 100*(ps[zj]*320/zbz_max)/this.zft.zft._height;
        _root["zft"+zj].xs._y = _root["zft"+zj].zft._y-_root["zft"+zj].zft._height-20;
        _root["zft"+zj].zft.onRollOver = function() {
                this._parent.xs.text = 0.1*Math.round(10*this._height*zbz_max/320);
                this._parent.xs1.text = ((zn_min-d/2)+((this._parent._x-yzb._x-80)/zft.zft._
width)*d)+"-"+((zn_min-d/2)+((this._parent._x-yzb._x-80)/zft.zft._width+1)*d);
                this._parent.xs._visible = 1;
                this._parent.xs1._visible = 1;
        };
        _root["zft"+zj].zft.onRollOut = function() {
                this._parent.xs.text = "";
```

```
                    this._parent.xs1.text = "";

                    this._parent.xs._visible = 0;

                    this._parent.xs1._visible = 0;

             };

}
```

// 结果显示

```
jgtt1 = 0.0001*Math.round(zn_sum/n*10000);
```

// 保留小数后 3 位

```
jgtt2 = jl_mydat[2]+(jl_mydat[3]+jl_mydat[4])/2;

jgtt3 = 0.0001*Math.round((jgtt1-jgtt2)*10000);

var gdccs:Number = 0;
```

// 过大尺寸数量

```
var gxccs:Number = 0;

var bzc:Number = 0;
```

// 标准差

```
for (var i = 0; i<n; i++) {

             bzc = bzc+Math.pow((jl_zn[i]-jgtt1), 2);

             if (jl_zn[i]>(jl_mydat[2]+jl_mydat[3])) {

                        gdccs = gdccs+1;

             }

             if (jl_zn[i]<(jl_mydat[2]+jl_mydat[4])) {

                        gxccs = gxccs+1;

             }

}

var gdbfb:Number = 0.01*Math.round(100*gdccs/n*100);

var gxbfb:Number = 0.01*Math.round(100*gxccs/n*100);

jgtt4 = 0.0001*Math.round(Math.sqrt(bzc/n)*10000);

cp = 0.001*Math.round((jl_mydat[3]-jl_mydat[4])/(6*jgtt4)*1000);

if (cp<=0.67) {

             xscp = " 工序等级为四级。";

}
```

// 工序等级

```
if (cp>0.67 && cp<=1) {

             xscp = " 工序等级为三级。";
```

```
}
if (cp>1 && cp<=1.33) {
        xscp = " 工序等级为二级。";
}
if (cp>1.33 && cp<=1.67) {
        xscp = " 工序等级为一级。";
}
if (cp>1.67) {
        xscp = " 工序等级为特级。";
}
```

jgtt5 = "   "+" 结果分析：该批中有 "+gdccs+" 个尺寸过大，占 "+gdbfb+"%, "+gxccs+" 个尺寸过小，占 "+gxbfb+"%, 合格率为 "+(100-gdbfb-gxbfb)+"%, 工序能力系数为 "+cp+", "+xscp;

```
// 显示公差带及画正态图
this.xpjx._x = yzb._x+80+(jgtt1-(zn_min-d/2))*zft.zft._width/d;
this.xpjx.xs.text = jgtt1;
this.xpjccx._x = yzb._x+80+(jgtt2-(zn_min-d/2))*zft.zft._width/d;
this.xpjccx.xs.text = jgtt2;
this.gcd._x = this.xpjccx._x;
this.xpjccx.gcd_z.gcd._width = (jl_mydat[3]-jl_mydat[4])*zft.zft._width/d;
this.xpjccx.gcd_z.xs1._x = this.xpjccx.gcd_z.gcd._x-this.xpjccx.gcd_z.gcd._width/2-this.xpjccx.
gcd_z.xs1._width;
this.xpjccx.gcd_z.xs2._x = this.xpjccx.gcd_z.gcd._x+this.xpjccx.gcd_z.gcd._width/2;
this.xpjccx.gcd_z.gcd.onRollOver = function() {
        this._parent.xs1.text = jl_mydat[2]+jl_mydat[4];
        this._parent.xs2.text = jl_mydat[2]+jl_mydat[3];
        this._parent.xs3.text = "T="+(jl_mydat[3]-jl_mydat[4]);
        this._parent.xs1._visible = 1;
        this._parent.xs2._visible = 1;
        this._parent.xs3._visible = 1;
};
this.xpjccx.gcd_z.gcd.onRollOut = function() {
        this._parent.xs1.text = "";
        this._parent.xs2.text = "";
        this._parent.xs3.text = "";
```

```
            this._parent.xs1._visible = 0;

            this._parent.xs2._visible = 0;

            this._parent.xs3._visible = 0;

};

_root.createEmptyMovieClip("ztx", 5000);

ztx.lineStyle(0.5, 0x00ffff, 100);

ztxbl = fzs*zft.zft._width/6/jgtt4;

// 正态图 x 轴比例

xtybl = 320/zbz_max;

// 正态图 x 轴比例

// 起始点

ztdx0 = -3*jgtt4*ztxbl;

ztdy0 = -xtybl*Math.pow(Math.E, -4.5)/jgtt4/Math.sqrt(2*Math.PI);

ztx.moveTo(ztdx0, ztdy0);

for (k=-3*jgtt4; k<=3*jgtt4; k += 0.0001) {

            ztdx = k;

            ztdy = Math.pow(Math.E, -0.5*Math.pow(ztdx/jgtt4, 2))/jgtt4/Math.sqrt(2*Math.PI);

            ztx.lineTo(ztxbl*ztdx, -xtybl*ztdy);

}

this.ztx._x = this.xpjx._x;

this.ztx._y = this.xzb._y;
```

A.6.17 第十一帧主程序

```
my_cb.addItem({data:1, label:" 请选择每组件数 "});

my_cb.addItem({data:2, label:"4"});

my_cb.addItem({data:3, label:"5"});

my_cb.addItem({data:4, label:"6"});

var jz_zn:Array = Array();

// 均值

var jcz_zn:Array = Array();

// 极差值

jgtt5 = "";

var cbListener:Object = new Object();

// 创建侦听器对象。
```

```
// 为侦听器对象分配函数。
cbListener.change = function(event_obj:Object) {
        mzjs = Number(event_obj.target.selectedItem.label);
        // 系数
        if (mzjs == 4) {
                A = 0.73;
                D = 2.28;
        } else if (mzjs == 5) {
                A = 0.58;
                D = 2.11;
        } else if (mzjs == 6) {
                A = 0.48;
                D = 2.00;
        } else {
                A = 0;
                D = 0;
        }
        if (n%mzjs == 0) {
                var zs = n/mzjs;
                // 组数
        } else {
                var zs = 1+Math.floor(n/mzjs);
        }
        for (var k = 0; k<1000; k++) {
                removeMovieClip("zbxs"+k);
                removeMovieClip("zbxx"+k);
                removeMovieClip("ditx"+k);
                removeMovieClip("ditr"+k);
        }
        removeMovieClip(hxzx);
        removeMovieClip(hrzx);
        // 清除可能留下的标尺及点和线
        var x_max = 0;
        var x_min = 1000;
```

```
var R_max = 0;
var R_sum = 0;
// 极差值总合
for (k=0; k<zs; k++) {
        p = 0;
        var xz_sum:Number = 0;
        // 小组总合
        var xz_max:Number = 0;
        // 小组极大值
        var xz_min:Number = 1000;
        // 小组极小值
        for (j=k*mzjs; j<(k+1)*mzjs; j++) {
                xz_sum = xz_sum+jl_zn[j];
                xz_max = Math.max(xz_max, jl_zn[j]);
                xz_min = Math.min(xz_min, jl_zn[j]);
                p++;
        }
        jz_zn[k] = xz_sum/mzjs;
        jcz_zn[k] = xz_max-xz_min;
        if (k>zs-2 && n%mzjs != 0) {
                xz_sum = 0;
                xz_max = 0;
                xz_min = 1000;
                ys = n%mzjs;
                for (j=(zs-1)*mzjs; j<(zs-1)*mzjs+ys; j++) {
                        xz_sum = xz_sum+jl_zn[j];
                        xz_max = Math.max(xz_max, jl_zn[j]);
                        xz_min = Math.min(xz_min, jl_zn[j]);
                }
                jz_zn[zs-1] = xz_sum/ys;
                jcz_zn[zs-1] = xz_max-xz_min;
        }
        R_sum = R_sum+jcz_zn[k];
        x_max = Math.max(x_max, jz_zn[k]);
```

```
                x_min = Math.min(x_min, jz_zn[k]);
                R_max = Math.max(R_max, jcz_zn[k]);
        }
var R_jz = R_sum/zs;
// 极差值均值
// 控制线适当位置显示
uclx._y = xjzx._y-A*R_jz*50/(x_max-jgtt1);
//50 为可以显示的区域
lclx._y = xjzx._y+A*R_jz*50/(x_max-jgtt1);
urx._y = xzb._y-D*R_jz*150/R_max;
rjzx._y = xzb._y-R_jz*150/R_max;
//150 为可以显示的区域
jgtt3 = jgtt1-A*R_jz;
jgtt4 = jgtt1+A*R_jz;
jgtt6 = D*R_jz;
// 控制线触发
uclx.onRollOver = function() {
        uclx.xs.text = 0.0001*Math.round((jgtt1+A*R_jz)*10000);
        uclx.xs._visible = 1;
};
uclx.onRollOut = function() {
        uclx.xs.text = "";
        uclx.xs._visible = 0;
};
xjzx.onRollOver = function() {
        xjzx.xs.text = jgtt1;
        xjzx.xs._visible = 1;
};
xjzx.onRollOut = function() {
        xjzx.xs.text = "";
        xjzx.xs._visible = 0;
};
lclx.onRollOver = function() {
        lclx.xs.text = 0.0001*Math.round((jgtt1-A*R_jz)*10000);
```

```
                lclx.xs._visible = 1;
        };
lclx.onRollOut = function() {
                lclx.xs.text = "";
                lclx.xs._visible = 0;
        };
urx.onRollOver = function() {
                urx.xs.text = 0.0001*Math.round((D*R_jz)*10000);
                urx.xs._visible = 1;
        };
urx.onRollOut = function() {
                urx.xs.text = "";
                urx.xs._visible = 0;
        };
rjzx.onRollOver = function() {
                rjzx.xs.text = 0.0001*Math.round(R_jz*10000);
                rjzx.xs._visible = 1;
        };
rjzx.onRollOut = function() {
                rjzx.xs.text = "";
                rjzx.xs._visible = 0;
        };
// 生成坐标刻度
var zbz_max:Number = zs;
for (var zbz:Number = 0; zbz<=zbz_max; zbz++) {
                duplicateMovieClip(zbxs, "zbxs"+zbz, 10000+zbz);
                duplicateMovieClip(zbxx, "zbxx"+zbz, 20000+zbz);
                setProperty("zbxs"+zbz, _x, zbxs._x+zbz*680/zbz_max);
                setProperty("zbxx"+zbz, _x, zbxx._x+zbz*680/zbz_max);
                //680 为横坐标可用总位置
                if (zbz%10 == 0) {
                        setProperty("zbxs"+zbz, _xscale, 250);
                        setProperty("zbxx"+zbz, _xscale, 250);
                } else if (zbz%5 == 0) {
```

```
                setProperty("zbxs"+zbz, _xscale, 150);
                setProperty("zbxx"+zbz, _xscale, 150);
        }
}
// 划线
_root.createEmptyMovieClip("hxzx", 1);
_root.createEmptyMovieClip("hrzx", 2);
hxzx.lineStyle(1, 0xff0000, 100);
hrzx.lineStyle(1, 0xFF0000, 100);
hxzx.moveTo(zbxs._x, xjzx._y);
hrzx.moveTo(zbxx._x, rjzx._y);
var dds = 0;
// 超出点子的数目
for (k=0; k<zs; k++) {
        duplicateMovieClip(dit, "ditx"+k, 10+k);
        duplicateMovieClip(dit, "ditr"+k, 5000+k);
        setProperty("ditx"+k, _x, _root["zbxs"+(k+1)]._x);
        setProperty("ditr"+k, _x, _root["zbxx"+(k+1)]._x);
        setProperty("ditx"+k, _y, xjzx._y-(jz_zn[k]-jgtt1)*50/(x_max-jgtt1));
        setProperty("ditr"+k, _y, xzb._y-jcz_zn[k]*150/R_max);
        if (_root["ditx"+k]._y<uclx._y || _root["ditx"+k]._y>lclx._y) {
                duplicateMovieClip(qq, "qqx"+k, 10000+k);
                setProperty("qqx"+k, _x, _root["ditx"+k]._x);
                setProperty("qqx"+k, _y, _root["ditx"+k]._y);
                dds++;
        }
        if (_root["ditr"+k]._y<urx._y) {
                duplicateMovieClip(qq, "qqr"+k, 10000+k);
                setProperty("qqr"+k, _x, _root["ditr"+k]._x);
                setProperty("qqr"+k, _y, _root["ditr"+k]._y);
                dds++;
        }
setProperty(_root["ditx"+k].xs, _visible, 0);
        setProperty(_root["ditr"+k].xs, _visible, 0);
```

```
            _root["ditx"+k].dot.onRollOver = function() {
                   this._parent.xs._visible = 1;
                   this._parent.xs.text = 0.0001*Math.round((jgtt1+(this._parent._parent.
xjzx._y-this._parent._y)*(x_max-jgtt1)/50)*10000);
            };
            _root["ditx"+k].dot.onRollOut = function() {
                   this._parent.xs.text = "";
                   this._parent.xs._visible = 0;
            };
            _root["ditr"+k].dot.onRollOver = function() {
                   this._parent.xs._visible = 1;
                   this._parent.xs.text = 0.0001*Math.round((this._parent._parent.xzb._
y-this._parent._y)*R_max/150*10000);
            };
            _root["ditr"+k].dot.onRollOut = function() {
                   this._parent.xs.text = "";
                   this._parent.xs._visible = 0;
            };
            // 将复制点的透明度设置为 0，也可以直接在库中将点的颜色设置为透明
            hxzx.lineTo(_root["ditx"+k]._x, _root["ditx"+k]._y);
            hrzx.lineTo(_root["ditr"+k]._x, _root["ditr"+k]._y);
      }
      if (dds == 0) {
            jgtt5 = "      "+"+"结果分析：没有点子超出控制线，大部分点子在均值线上
下波动，小部分点子在控制线附近。";
      }
      if (dds>0) {
            jgtt5 = "      "+"+"结果分析：有 "+dds+" 个点子超出控制线，大部分点子在
均值线上下波动，小部分点子在控制线附近。";
      }
};
// 添加侦听器。
my_cb.addEventListener("change", cbListener);
```

A.7 金属材料拉压试验虚拟测控平台

A.7.1 第五帧主程序

```
stop();
bf_jg_an.onRelease = function() {
        gotoAndPlay("zspt1");
        flvpath = "flvs/1.flv";
        jgmc = " 试验机结构展示 ";
};
bf_yl_an.onRelease = function() {
        gotoAndPlay("zspt1");
        flvpath = "flvs/2.flv";
        jgmc = " 试验机原理展示 ";
};
import mx.video.*;
var jdsbx:Number = _root.my_seekbar._x;
var jdsby:Number = _root.my_seekbar._y;
var jdcd:Number = _root.my_seekbar._width;
var jdb:Number = 0;
my_flvplay["_vp"][0]._video.smoothing = true;
// 视频清晰播放
_root.my_flvplay.contentPath = flvpath;
_root.my_flvplay.autoPlay = true;
_root.my_flvplay.autoSize = false;
_root.my_flvplay.height = 636.8;
_root.my_flvplay.width = 1133.8;
_root.my_flvplay.playButton = this.pl;
_root.my_flvplay.pauseButton = this.measure;
_root.my_flvplay.bufferingBar = this.flvbar;
_root.my_flvplay.seekBar = this.my_seekBar;
onEnterFrame = function () { jdb = _root.my_flvplay.playheadPercentage;
        _root.jdtt._xscale = jdb;
        cz = (_root.jdsb._x-jdsbx)/jdcd*100;
```

```
};
var myListener = new Object();
myListener.complete = function(eventObject) {
        //my_flvplay.play();
        this.jlsj._visible = 1;
};
my_flvplay.addEventListener("complete", myListener);
```

A. 7. 2 第六帧主程序

```
_global.bhi = 1;
v_kk.restrict="0-9"+".";
jinggao._visible=0;
wydbx = 0;
// 位移代替变形
bx_z=" 变形        mm";
zdtjtj=10;// 自动停止条件
```

A. 7. 3 "开始"按钮程序

```
on (release) {
        if (wydbx == 0 && v>0.5) {
                _root.jinggao._visible = 1;
        }
        if (_global.jmcsh[1] == undefined || _global.bj == undefined) {
                this.srsyxx._visible = 1;
        } else {
                jinggao._visible = 0;
                an_kaishi._alpha = 15;
                an_tingzhi._alpha = 100;
                if (_global.lymsh == 1) {
                        if (_global.shycl == 1) {
                                gotoAndStop("Q-ls");
                        } else if (_global.shycl == 2) {
                                gotoAndStop("HT-ls");
```

```
                    } else {
                            gotoAndStop("qt-ls");
                    }
            } else {
            if (_global.shycl == 1) {
                    gotoAndStop("Q-ys");
            } else if (_global.shycl == 2) {
            gotoAndStop("HT-ys");
            } else {
                    gotoAndStop("qt-ys");
            }
            }
        }
    }
}
```

A.7.4 "停止"按钮程序

```
on (release) {
        v = 0;
        sdzl_k._x = sdzl_t._x;
        clearInterval(intervalId);
        an_kaishi._alpha = 100;
        an_tingzhi._alpha = 15;

}
```

A.7.5 第七帧主程序

```
stop();
this.srsyxx._visible = 0;
this.xtshzh._visible = 0;
qysj._visible = 1;
bxql._visible = 1;
function randRange(min:Number, max:Number):Number { var randomNum:Number = Math.
floor(Math.random()*(max-min+1))+min;
        return randomNum;
```

```
}
wy = 0;
// 位移
wy_k = 0;
v = 0;
// 速度
sdzh = 0;
// 速度变量
ch = 0.005;
// 各级速度档位差
sdzl_k._x = sdzl_t._x;
// 滑块坐标
sdzl_xc = sdzl_t._width-sdzl_k._width;
this.sdzl_k.onPress = function() {
        startDrag(this, false, sdzl_t._x+1, sdzl_t._y, sdzl_t._x+sdzl_xc, sdzl_t._y);
};
this.sdzl_k.onRelease = function() {
        stopDrag();
        sdzlbfb = (sdzl_k._x-sdzl_t._x)/sdzl_xc;
        v = sdzh+(ch*sdzlbfb);
};
this.sdzl_k.onReleaseOutside = function() {
        stopDrag();
        sdzlbfb = (sdzl_k._x-sdzl_t._x)/sdzl_xc;
        v = sdzh+(ch*sdzlbfb);
};
tzh = 0;
```

A.7.6 第八帧主程序

```
this.sdzl_k.onPress = function() {
        startDrag(this, false, sdzl_t._x+1, sdzl_t._y, sdzl_t._x+sdzl_xc, sdzl_t._y);
};
this.sdzl_k.onRelease = function() {
```

```
        stopDrag();
        sdzlbfb = (sdzl_k._x-sdzl_t._x)/sdzl_xc;
        v = sdzh+(ch*sdzlbfb);
};
this.sdzl_k.onReleaseOutside = function() {
        stopDrag();
        sdzlbfb = (sdzl_k._x-sdzl_t._x)/sdzl_xc;
        v = sdzh+(ch*sdzlbfb);
};
var txml:Number = randRange(200, 210);
// 弹性模量与面积的关系
xgms = randRange(235, 240);
// 屈服极限
bsb = randRange(250, 300)/1000;
// 泊松比
bl_yy = _global.jmmj/78.54;
// 关系比例，78.54 为直径 10 的面积
bl_xx = _global.bj/100;
var zwy:Number = xgms*100*0.0263/txml/0.0762;
zzb7 = 60;
hzb8 = Math.round(zwy+2)*bl_xx;
bl_y = 540/zzb7;
bl_x = 720/Math.round(zwy+2);
// 图形显示比例
zzb6 = 5*zzb7/6;
zzb5 = 4*zzb7/6;
zzb4 = 3*zzb7/6;
zzb3 = 2*zzb7/6;
zzb2 = 1*zzb7/6;
hzb7 = 7*hzb8/8;
hzb6 = 6*hzb8/8;
hzb5 = 5*hzb8/8;
hzb4 = 4*hzb8/8;
hzb3 = 3*hzb8/8;
```

```
hzb2 = 2*hzb8/8;

hzb1 = 1*hzb8/8;

q_ls_shy2._x = q_ls_shy1._x;

shywzh = q_ls_shy2._y;

var qjwy:Number = 0;

var shyl:Number = 0;

var shylfz:Number = 0;

var zbydx:Number = _root.dd._x;

var zbydy:Number = _root.dd._y;

// 坐标原点

var ddx:Number = zbydx+wy_k*bl_x;

var ddy:Number = zbydy;

this.createEmptyMovieClip("hx", 2);

hx.lineStyle(0, 0xFF0000, 100);

hx.moveTo(ddx, ddy);

var intervalId:Number;

var count:Number = 0;

var duration:Number = 20;

// 每 20 毫秒计算一次

var fh:Number = 1;

wy_kys = wy_k;

var zb_zh:Array = [];

// 基本值 shyl, wy_k, bx, time, v+"\n"

var zb_zzh:Array = [];

function executeCallback():Void {

        time = count*duration/1000;

        qjwy = (duration/1000)*(v/60);

        // 期间位移

        shyl_q = shylfz;

        ddx = ddx+qjwy*bl_x;

        sjj = 100/v;

        var fuhao:Number = randRange(sjj, sjj+2);

        if (count%fuhao == 0) {

                fh = fh*(-1);
```

```
    }
    if (wy<=(zwy*0.0762)) {
            ddy = ddy-qjwy*txml*33/1000*bl_y;

            lszbx_1 = ddx;

            lszby_1 = ddy;
    } else if (wy<=(0.0762*zwy+zwy/500)) {
            ddy = lszby_1-Math.sqrt((ddx-lszbx_1)/8)*bl_y;

            lszby_2 = ddy;

            lszby_3 = lszby_2+2*bl_y;
    } else if (wy<=(zwy*3/17)) {
            qfbhl = fh*(v/100)*Math.random()*bl_y;

            ddy = lszby_3+qfbhl;

            if (ddy>(lszby_2+2.5*bl_y) || ddy<(lszby_2+1.5*bl_y)) {
                    ddy = lszby_3-qfbhl;

            }
            lszby_3 = ddy;

            lszbx_3 = ddx;
    } else if (wy<=(zwy*1/4)) {
            ddy = lszby_3-Math.sqrt(ddx-lszbx_3)*bl_y;

            lszby_4 = ddy;

            lszbx_4 = ddx;
    } else if (wy<=(zwy*1/2)) {
            ddy = lszby_4+14-Math.sqrt(ddx-lszbx_4+10)*bl_y/2;

            lszby_5 = ddy;

            lszbx_5 = ddx;
    } else if (wy<=(zwy*19/24)) {
            ddy = lszby_5+4-Math.sqrt(ddx-lszbx_5+10)*bl_y/8;

            lszby_6 = ddy;

            lszbx_6 = ddx;
    } else {
            ddy = lszby_6-(-200+Math.sqrt((1-Math.pow(ddx-lszbx_6, 2)/Math.pow(140,
2))*Math.pow(200, 2)));
            if (shyl<(lszby_1/bl_y*bl_yy/3)) {
                    ddy = zbydy;
```

```
                    tzh = 1;
            }
    }
shyl = (zbydy-ddy)/bl_y*bl_yy;
shylfz = Math.max(shyl, shyl_q);
setProperty(_root.dd, _x, ddx);
setProperty(_root.dd, _y, ddy*bl_yy+zbydy*(1-bl_yy));
hx.lineTo(ddx, ddy*bl_yy+zbydy*(1-bl_yy));
wy = wy+qjwy;
//trace(wy);
wy_k = wy*bl_xx+wy_kys;
shyl_k = shyl;
if (wy<=(zwy*19/24)) {
        q_ls_shy2._y = shywzh+116*(wy_k-wy_kys)*24/(zwy*19*bl_xx);
        shywzh_shy = q_ls_shy2._y;
        wy_shy = wy_k;
        q_ls_shy2._xscale = 100-bsb*100*(q_ls_shy2._y-shywzh)/116;
        q_ls_shy1._xscale = 100-bsb*100*(q_ls_shy2._y-shywzh)/116;
        shy_bx_scale = q_ls_shy2._xscale;
} else {
        q_ls_shy2._y = shywzh_shy+67.5*(wy_k-wy_shy)*24/(zwy*5*bl_xx);
        q_ls_shy2._xscale = shy_bx_scale;
        q_ls_shy1._xscale = shy_bx_scale;
}
if (wydbx == 1) {
        bx = wy_k;
        // 引伸计按钮按下执行
} else {
        bx = wy*0.95*bl_xx;
        if (v>0.5) {
                _root.jinggao._visible = 1;
        }
}
zb_zh = [shyl_k, wy_k, bx, time, v+"\n"];
```

```
            //trace(zb_zh);
            zb_zzh[count] = zb_zh;
            if (Math.abs(shyl-shyl_q)>_global.zdtjtj) {
                    tzh = 1;
            }
            // 自动停机条件
            if (tzh == 1) {
                    an_tingzhi._alpha = 15;
                    q_ls_shy2._y = 500;
                    // 拉伸试样断开
                    this.dlshy.play();
                    hx.lineTo(ddx, zbydy);
                    clearInterval(intervalId);
            }
            count++;
}
intervalId = setInterval(this, "executeCallback", duration);
```

A.7.7 第九帧主程序

```
this.sdzl_k.onPress = function() {
        startDrag(this, false, sdzl_t._x+1, sdzl_t._y, sdzl_t._x+sdzl_xc, sdzl_t._y);
};
this.sdzl_k.onRelease = function() {
        stopDrag();
        sdzlbfb = (sdzl_k._x-sdzl_t._x)/sdzl_xc;
        v = sdzh+(ch*sdzlbfb);
};
this.sdzl_k.onReleaseOutside = function() {
        stopDrag();
        sdzlbfb = (sdzl_k._x-sdzl_t._x)/sdzl_xc;
        v = sdzh+(ch*sdzlbfb);
};
var txml:Number = randRange(120, 130);
xgms = randRange(140, 200);
```

```
bsb = randRange(240, 250)/1000;
// 泊松比
bl_yy = _global.jmmj/78.54;
bl_xx = _global.bj/100;
var zwy:Number = xgms*100*0.007/txml/0.37;
zzb7 = 30;
hzb8 = Math.round(zwy+1)*bl_xx;
bl_y = 540/zzb7;
bl_x = 720/Math.round(zwy+1);
zzb6 = 5*zzb7/6;
zzb5 = 4*zzb7/6;
zzb4 = 3*zzb7/6;
zzb3 = 2*zzb7/6;
zzb2 = 1*zzb7/6;
hzb7 = 7*hzb8/8;
hzb6 = 6*hzb8/8;
hzb5 = 5*hzb8/8;
hzb4 = 4*hzb8/8;
hzb3 = 3*hzb8/8;
hzb2 = 2*hzb8/8;
hzb1 = 1*hzb8/8;
ht_ls_shy2._x = ht_ls_shy1._x;
shywzh = ht_ls_shy2._y;
var qjwy:Number = 0;
var shyl:Number = 0;
var shylfz:Number = 0;
var zbydx:Number = _root.dd._x;
var zbydy:Number = _root.dd._y;
var ddx:Number = zbydx+wy_k*bl_x;
var ddy:Number = zbydy;
this.createEmptyMovieClip("hx", 2);
hx.lineStyle(0, 0xFF0000, 100);
hx.moveTo(ddx, ddy);
var intervalId:Number;
```

```
var count:Number = 0;

var duration:Number = 20;

var fh:Number = 1;

wy_kys = wy_k;

var zb_zh:Array = [];

var zb_zzh:Array = [];

function executeCallback():Void {

        time = count*duration/1000;

        qjwy = (duration/1000)*(v/60);

        shyl_q = shylfz;

        ddx = ddx+qjwy*bl_x;

        sjj = 100/v;

        var fuhao:Number = randRange(sjj, sjj+2);

        if (count%fuhao == 0) {

                fh = fh*(-1);

        }

        if (wy<=(zwy*0.37)) {

                ddy = zbydy-Math.pow(ddx-zbydx, 2)/10/bl_y;

                lszbx_1 = ddx;

                lszby_1 = ddy;

        } else {

                ddy = lszby_1+28-Math.sqrt(ddx-lszbx_1+10)*bl_y/2;

                if (wy>zwy) {

                        ddy = zbydy;

                        tzh = 1;

                }

        }

        shyl = (zbydy-ddy)/bl_y*bl_yy;

        shylfz = Math.max(shyl, shyl_q);

        setProperty(_root.dd, _x, ddx);

        setProperty(_root.dd, _y, ddy*bl_yy+zbydy*(1-bl_yy));

        hx.lineTo(ddx, ddy*bl_yy+zbydy*(1-bl_yy));

        wy = wy+qjwy;

        wy_k = wy*bl_xx+wy_kys;
```

```
        shyl_k = shyl;
        ht_ls_shy2._y = shywzh+4*(wy_k-wy_kys)/(zwy*bl_xx);
        ht_ls_shy2._xscale = 100-bsb*100*(ht_ls_shy2._y-shywzh)/6;
        ht_ls_shy1._xscale = 100-bsb*100*(ht_ls_shy2._y-shywzh)/6;
        if (wydbx == 1) {
                bx = wy_k;
                } else {
                bx = wy*0.95*bl_xx;
                if (v>0.5) {
                        _root.jinggao._visible = 1;
                }
        }
        zb_zh = [shyl_k, wy_k, bx, time, v+"\n"];
        zb_zzh[count] = zb_zh;
        if (Math.abs(shyl-shyl_q)>_global.zdtjtj) {
                tzh = 1;
        }
        // 自动停机条件
        if (tzh == 1) {
                an_tingzhi._alpha = 15;
                ht_ls_shy2._y = 410;
                // 拉伸试样断开
                hx.lineTo(ddx, zbydy);
                this.dlshy.play();
                clearInterval(intervalId);
        }
        count++;
}
intervalId = setInterval(this, "executeCallback", duration);
```

A.7.8　第十一帧主程序

```
this.sdzl_k.onPress = function() {
        startDrag(this, false, sdzl_t._x+1, sdzl_t._y, sdzl_t._x+sdzl_xc, sdzl_t._y);
```

```
};
this.sdzl_k.onRelease = function() {
        stopDrag();
        sdzlbfb = (sdzl_k._x-sdzl_t._x)/sdzl_xc;
        v = sdzh+(ch*sdzlbfb);
};
this.sdzl_k.onReleaseOutside = function() {
        stopDrag();
        sdzlbfb = (sdzl_k._x-sdzl_t._x)/sdzl_xc;
        v = sdzh+(ch*sdzlbfb);
};
var txml:Number = randRange(200, 210);
xgms = randRange(235, 240);
bsb = randRange(250, 300)/1000;
// 泊松比
bl_yy = _global.jmmj/78.54;
bl_xx = _global.bj/20;
var zwy:Number = xgms*15*0.0118*46/txml;
zzb7 = 100;
hzb8 = Math.round((zwy+0.5)*10)/10*bl_xx;
bl_y = 540/zzb7;
bl_x = 720*10/Math.round((zwy+0.5)*10);
// 图形显示比例
zzb6 = 5*zzb7/6;
zzb5 = 4*zzb7/6;
zzb4 = 3*zzb7/6;
zzb3 = 2*zzb7/6;
zzb2 = 1*zzb7/6;
hzb7 = 7*hzb8/8;
hzb6 = 6*hzb8/8;
hzb5 = 5*hzb8/8;
hzb4 = 4*hzb8/8;
hzb3 = 3*hzb8/8;
hzb2 = 2*hzb8/8;
```

```
hzb1 = 1*hzb8/8;
ht_ls_shy2._x = ht_ls_shy1._x;
shywzh = ht_ls_shy2._y;
var qjwy:Number = 0;
var shyl:Number = 0;
var shylfz:Number = 0;
var zbydx:Number = _root.dd._x;
var zbydy:Number = _root.dd._y;
var ddx:Number = zbydx+wy_k*bl_x;
var ddy:Number = zbydy;
this.createEmptyMovieClip("hx", 2);
hx.lineStyle(0, 0xFF0000, 100);
hx.moveTo(ddx, ddy);
var intervalId:Number;
var count:Number = 0;
var duration:Number = 20;
var fh:Number = 1;
wy_kys = wy_k;
var zb_zh:Array = [];
var zb_zzh:Array = [];
function executeCallback():Void {
        time = count*duration/1000;
        qjwy = (duration/1000)*(v/60);
        shyl_q = shylfz;
        ddx = ddx+qjwy*bl_x;
        sjj = 100/v;
        var fuhao:Number = randRange(sjj, sjj+2);
        if (wy<(zwy*0.03)) {
                ddy = ddy-qjwy*txml*33/100*bl_y;
                lszbx_1 = ddx;
                lszby_1 = ddy;
        } else if (wy<(zwy*0.045)) {
                ddy = lszby_1+Math.pow(ddx-lszbx_1-1, 3)/50/bl_y;
                lszby_2 = ddy;
```

```
            lszbx_2 = ddx;
} else if (wy<(zwy*0.1)) {
            ddy = lszby_2-Math.pow(ddx-lszbx_2, 2)/10/bl_y;
            //ddy = lszby_2+17-Math.sqrt(ddx-lszbx_2+20)*bl_y/2;
            lszby_3 = ddy;
            lszbx_3 = ddx;
} else if (wy<(zwy*0.7)) {
            ddy = lszby_3+25-Math.sqrt(ddx-lszbx_3+5)*60/bl_y;
            lszby_4 = ddy;
            lszbx_4 = ddx;
} else {
            ddy = lszby_4+3-Math.pow(ddx-lszbx_4+45, 2)/100/bl_y;
}
shyl = (zbydy-ddy)/bl_y*bl_yy;
if (shyl>96) {
                    tzh = 1;
}
shylfz = Math.max(shyl, shyl_q);
setProperty(_root.dd, _x, ddx);
setProperty(_root.dd, _y, ddy*bl_yy+zbydy*(1-bl_yy));
hx.lineTo(ddx, ddy*bl_yy+zbydy*(1-bl_yy));
wy = wy+qjwy;
//trace(wy);
wy_k = wy*bl_xx+wy_kys;
shyl_k = shyl;
var pf:Number = Math.round(wy*q_ys_shy1._totalframes/zwy);
if (pf<q_ys_shy1._totalframes) {
            q_ys_shy1.gotoAndStop(pf);
} else {
            q_ys_shy1.gotoAndStop(q_ys_shy1._totalframes);
}
if (wydbx == 1) {
            bx = wy_k;
            } else {
```

```
            bx = wy*0.95*bl_xx;
            if (v>0.5) {
                    _root.jinggao._visible = 1;
            }
    }
    zb_zh = [shyl_k, wy_k, bx, time, v+"\n"];
    //trace(zb_zh);
    zb_zzh[count] = zb_zh;
    if (Math.abs(shyl-shyl_q)>_global.zdtjtj) {
            tzh = 1;
    }
    if (tzh == 1) {
            an_tingzhi._alpha = 15;
    q_ys_shy1.gotoAndStop(q_ys_shy1._totalframes);
            //this.dlshy.play();
            clearInterval(intervalId);
    }
    count++;
}
intervalId = setInterval(this, "executeCallback", duration);
```

A.7.9 第十二帧主程序

```
this.sdzl_k.onPress = function() {
        startDrag(this, false, sdzl_t._x+1, sdzl_t._y, sdzl_t._x+sdzl_xc, sdzl_t._y);
};
this.sdzl_k.onRelease = function() {
        stopDrag();
        sdzlbfb = (sdzl_k._x-sdzl_t._x)/sdzl_xc;
        v = sdzh+(ch*sdzlbfb);
};
this.sdzl_k.onReleaseOutside = function() {
        stopDrag();
```

```
        sdzlbfb = (sdzl_k._x-sdzl_t._x)/sdzl_xc;
        // 速度增量百分比
        v = sdzh+(ch*sdzlbfb);
};
var txml:Number = randRange(120, 130);
// 弹性模量与面积的关系
xgms = randRange(700, 800);
// 压缩强度极限
bsb = randRange(240, 250)/1000;
// 泊松比
sjlw = randRange(1, 5);
// 随机裂纹
bl_yy = _global.jmmj/78.54;
bl_xx = _global.bj/15;
var zwy:Number = xgms*15*0.0045*7/txml;
zzb7 = 70;
hzb8 = Math.round((zwy+0.5)*10)/10*bl_xx;
bl_y = 540/zzb7;
bl_x = 720*10/Math.round((zwy+0.5)*10);
// 图形显示比例
zzb6 = 5*zzb7/6;
zzb5 = 4*zzb7/6;
zzb4 = 3*zzb7/6;
zzb3 = 2*zzb7/6;
zzb2 = 1*zzb7/6;
hzb7 = 7*hzb8/8;
hzb6 = 6*hzb8/8;
hzb5 = 5*hzb8/8;
hzb4 = 4*hzb8/8;
hzb3 = 3*hzb8/8;
hzb2 = 2*hzb8/8;
hzb1 = 1*hzb8/8;
ht_ls_shy2._x = ht_ls_shy1._x;
shywzh = ht_ls_shy2._y;
```

```
var qjwy:Number = 0;
var shyl:Number = 0;
// 试验力
var shylfz:Number = 0;
// 试验力峰值
var zbydx:Number = _root.dd._x;
var zbydy:Number = _root.dd._y;
// 坐标原点
var ddx:Number = zbydx+wy_k*bl_x;
var ddy:Number = zbydy;
this.createEmptyMovieClip("hx", 2);
hx.lineStyle(0, 0xFF0000, 100);
hx.moveTo(ddx, ddy);
var intervalId:Number;
var count:Number = 0;
var duration:Number = 20;
var fh:Number = 1;
wy_kys = wy_k;
var zb_zh:Array = [];
var zb_zzh:Array = [];
function executeCallback():Void {
        time = count*duration/1000;
        qjwy = (duration/1000)*(v/60);
        shyl_q = shylfz;
        ddx = ddx+qjwy*bl_x;
        sjj = 100/v;
        var fuhao:Number = randRange(sjj, sjj+2);
        if (wy<=(zwy*1.7/7)) {
                ddy = zbydy-Math.pow(ddx-zbydx, 2)/10/bl_y;
                lszbx_1 = ddx;
                lszby_1 = ddy;
        } else if (wy<=(zwy*4/7)) {
                ddy = lszby_1+20-Math.sqrt(ddx-lszbx_1+3)*1.5*bl_y;
                lszby_2 = ddy;
```

```
                    lszbx_2 = ddx;
        } else if (wy<=(zwy*6/7)) {
                    ddy = lszby_2+17-Math.sqrt(ddx-lszbx_2+20)*bl_y/2;
                    lszby_3 = ddy;
                    lszbx_3 = ddx;
        } else if (wy<(zwy*13/14)) {
                    ddy = lszby_3+Math.pow(ddx-lszbx_3, 2)/5/bl_y;
                    lszby_4 = ddy;
                    lszbx_4 = ddx;
        } else {
                    ddy = lszby_4+Math.pow(ddx-lszbx_4, 3)/bl_y;
                    if (wy>zwy) {
                                ddy = zbydy;
                                tzh = 1;
                    }
        }
        shyl = (zbydy-ddy)/bl_y*bl_yy;
        shylfz = Math.max(shyl, shyl_q);
        setProperty(_root.dd, _x, ddx);
        setProperty(_root.dd, _y, ddy*bl_yy+zbydy*(1-bl_yy));
        hx.lineTo(ddx, ddy*bl_yy+zbydy*(1-bl_yy));
        wy = wy+qjwy;
        //trace(wy);
        wy_k = wy*bl_xx+wy_kys;
        shyl_k = shyl;
        var pf:Number = Math.round(wy*ht_ys_shyl._totalframes/zwy);
        if (pf<ht_ys_shyl._totalframes) {
                    ht_ys_shyl.gotoAndStop(pf);
        } else {
        ht_ys_shyl.gotoAndStop(ht_ys_shyl._totalframes);
                    if (sjlw == 1) {
        _root.ht_ys_shyl.ht_ys_lw1._visible = 1;
                    }
                    if (sjlw == 2) {
```

```
_root.ht_ys_shy1.ht_ys_lw2._visible = 1;
        }
        if (sjlw == 3) {
_root.ht_ys_shy1.ht_ys_lw3._visible = 1;
        }
        if (sjlw == 4) {
_root.ht_ys_shy1.ht_ys_lw4._visible = 1;
        }
        if (sjlw == 5) {
_root.ht_ys_shy1.ht_ys_lw5._visible = 1;
        }
}
if (wydbx == 1) {
        bx = wy_k;
        // 引伸计按钮按下执行
} else {
        bx = wy*0.95*bl_xx;
        if (v>0.5) {
                _root.jinggao._visible = 1;
        }
}
zb_zh = [shyl_k, wy_k, bx, time, v+"\n"];
zb_zzh[count] = zb_zh;
if (Math.abs(shyl-shyl_q)>_global.zdtjtj) {
        tzh = 1;
}
if (tzh == 1) {
        an_tingzhi._alpha = 15;
        ht_ys_shy1.gotoAndStop(ht_ys_shy1._totalframes);
        if (sjlw == 1) {
                _root.ht_ys_shy1.ht_ys_lw1._visible = 1;
        }
        if (sjlw == 2) {
_root.ht_ys_shy1.ht_ys_lw2._visible = 1;
```

```
                    }
                    if (sjlw == 3) {
        _root.ht_ys_shy1.ht_ys_lw3._visible = 1;
                    }
                    if (sjlw == 4) {
                        _root.ht_ys_shy1.ht_ys_lw4._visible = 1;
                    }
                    if (sjlw == 5) {
                    _root.ht_ys_shy1.ht_ys_lw5._visible = 1;
                    }
                    hx.lineTo(ddx, zbydy);
                    clearInterval(intervalId);
        }
        count++;
}
intervalId = setInterval(this, "executeCallback", duration);
```

A.7.10 第十三帧主程序

```
var temp = [];
var long;
var my_share = SharedObject.getLocal("mydat");
if (my_share.data.datname == undefined) {
        my_share.data.datname = [];
} else {
        var i = 0;
        while (i<my_share.data.datname.length) {
                com_box.addItem({label:my_share.data.datname[i][0], data:my_share.data.
datname[i][1]});
                temp.push([my_share.data.datname[i][0], my_share.data.datname[i][1]]);
                ++i;
        }
}
var jbcsh:Array=[sybh,nyr+" "+shike,shycl_zh,shyjm_zh,jmcsh,jmmj,bj,count,shylfz];// 基本参数
```

```
var my_dat:Array = [" 试验时间："+nyr+" "+shike+" 试验编号："+sybh+" 试样材料 :"+shycl_
zh+" 截面形状 :"+shyjm_zh+" 截面参数 :"+jmcsh+" 截面面积 :"+jmmj+" 标距 :"+bj+"
\n"+"---------------------------------------------------- 共 进 行 了 "+count+" 次 迭 代 ，试 验 力 峰
值为 "+shylfz +"\n"+" 试验力            位移            变形            时间
速度 "+"\n"+"------------------------------------------------------------"+"\n", jbcsh,zb_zzh];
com_box.addItem({label:sybh, data:my_dat});
my_share.data.datname.push([sybh, my_dat]);
my_share.flush();
shj_k = my_dat[0]+my_dat[2];
```

A.7.11 第十五帧主程序

```
stop();
delete_btn.onRelease = function() {
        var _loc3 = _root.com_box.selectedIndex;
        long = _root.com_box.length;
        _root.com_box.removeItemAt(_loc3);
        temp.splice(_loc3, 1);
        my_share.data.datname = [];
        for (var _loc2 = 0; _loc2<temp.length; ++_loc2) {
                my_share.data.datname.push([temp[_loc2][0], temp[_loc2][1]]);
        }
        my_share.flush();
};
var my_jlListener:Object = new Object();
my_jlListener.change = function(evt:Object) {
        jl_dat = evt.target.selectedItem.data;
        // 记录中的数据
        shj_k = jl_dat[0]+jl_dat[2];
        text_kk1 = jl_dat[1][0];
        text_kk2 = jl_dat[1][1];
        text_kk3 = jl_dat[1][2];
        text_kk4 = jl_dat[1][3];
        cc1=String(jl_dat[1][4][2])+":"+String(jl_dat[1][4][3])+"mm";
```

```
        if(jl_dat[1][4][2]==undefined){cc1="";}
    text_kk5 = String(jl_dat[1][4][0])+":"+String(jl_dat[1][4][1])+"mm"+"\n"+cc1+"\
n"+"\n"+" 面　积 :"+String(Math.round(jl_dat[1][5]*10000)/10000)+"mm^2"+"\n"+"\n"+" 标
距 :"+String(jl_dat[1][6])+"mm";
};
com_box.addEventListener("change", my_jlListener);
```

A. 7. 12　第十六帧主程序

```
text_k1 = text_kk1;

text_k2 = text_kk2;

text_k3 = text_kk3;

text_k4 = text_kk4;

text_k5 = text_kk5;

qxlx = 1;

// 曲线类型

my_qxlx.addItem({data:1, label:" 试验力 - 变形曲线 "});

my_qxlx.addItem({data:2, label:" 试验力 - 位移曲线 "});

my_qxlx.addItem({data:3, label:" 试验力 - 时间曲线 "});

my_qxlx.addItem({data:4, label:" 应力 - 应变曲线 "});

this.createEmptyMovieClip("hx1", 2);

hx1.lineStyle(0, 0xFF0000, 100);

hx1.moveTo(dd._x, dd._y);

qxlx = item_obj;

bt_k = " 试验力 - 变形曲线 ";

// 标题框

zzb_max = Math.round((jl_dat[1][8]+1)*1000)/1000;

xs_ybl = 606/zzb_max;

hzb_max = 915/(2*xs_ybl);

if (jl_dat[2][jl_dat[1][7]-1][2]*2*xs_ybl>915) {

        hzb_max = Math.round((jl_dat[2][jl_dat[1][7]-1][2]+1)*1000)/1000;

        xs_ybl = 915/hzb_max/2;

        zzb_max = 606/xs_ybl;

}
```

```
xs_xbl = 2*xs_ybl;
dw_k1 = "/kN";
dw_k2 = "/mm";
var u:Number = 0;
while (u<jl_dat[1][7]) {
        var d_x:Number = dd._x+jl_dat[2][u][2]*xs_xbl;
        var d_y:Number = dd._y-jl_dat[2][u][0]*xs_ybl;
        hx1.lineTo(d_x, d_y);
        ++u;
}
zzb7 = zzb_max;
zzb6 = zzb_max*5/6;
zzb5 = zzb_max*4/6;
zzb4 = zzb_max*3/6;
zzb3 = zzb_max*2/6;
zzb2 = zzb_max*1/6;
hzb8 = hzb_max*8/9;
hzb7 = hzb_max*7/9;
hzb6 = hzb_max*6/9;
hzb5 = hzb_max*5/9;
hzb4 = hzb_max*4/9;
hzb3 = hzb_max*3/9;
hzb2 = hzb_max*2/9;
hzb1 = hzb_max*1/9;
dwt1._x = dd_x+915;
dwt2._y = dd_y+606;
_global.tltx = dwt1._x;
_global.tlty = dwt2._y;
_global.xs_ybl = xs_ybl;
_global.xs_xbl = xs_xbl;
var qxListener:Object = new Object();
qxListener.change = function(evt_obj:Object) {
        var item_obj:Object = my_qxlx.selectedItem.data;
        var item_obj1:Object = my_qxlx.selectedItem.label;
```

```
qxlx = item_obj;
bt_k = item_obj1;
if (qxlx == 1) {
        hx1.clear();
        this.createEmptyMovieClip("hx1", 2);
        hx1.lineStyle(0, 0xFF0000, 100);
        hx1.moveTo(dd._x, dd._y);
        dw_k1 = "/kN";
        dw_k2 = "/mm";
        zzb_max = Math.round((jl_dat[1][8]+1)*1000)/1000;
        xs_ybl = 606/zzb_max;
        hzb_max = 915/(2*xs_ybl);
        if (jl_dat[2][jl_dat[1][7]-1][2]*2*xs_ybl>915) {
                hzb_max = Math.round((jl_dat[2][jl_dat[1][7]-1][2]+1)*1000)/1000;
                xs_ybl = 915/hzb_max/2;
                zzb_max = 606/xs_ybl;
        }
        xs_xbl = 2*xs_ybl;
        var u:Number = 0;
        while (u<jl_dat[1][7]) {
                var d_x:Number = dd._x+jl_dat[2][u][2]*xs_xbl;
                var d_y:Number = dd._y-jl_dat[2][u][0]*xs_ybl;
                hx1.lineTo(d_x, d_y);
                ++u;
        }
        _global.xs_ybl = xs_ybl;
        _global.xs_xbl = xs_xbl;
}
if (qxlx == 2) {
        hx1.clear();
        this.createEmptyMovieClip("hx1", 2);
        hx1.lineStyle(0, 0xFF0000, 100);
        hx1.moveTo(dd._x, dd._y);
        dw_k1 = "/kN";
```

```
        dw_k2 = "/mm";
        zzb_max = Math.round((jl_dat[1][8]+1)*1000)/1000;
        xs_ybl = 606/zzb_max;
        // 框高 606 处于最大试验力，显示比例
        hzb_max = 915/(2*xs_ybl);
        if (jl_dat[2][jl_dat[1][7]-1][1]*2*xs_ybl>915) {
                hzb_max = Math.round((jl_dat[2][jl_dat[1][7]-1][1]+1)*1000)/1000;
                xs_ybl = 915/hzb_max/2;
                zzb_max = 606/xs_ybl;
        }
        xs_xbl = 2*_global.xs_ybl;
        var u:Number = 0;
        while (u<jl_dat[1][7]) {
                var d_x:Number = dd._x+jl_dat[2][u][1]*xs_xbl;
                var d_y:Number = dd._y-jl_dat[2][u][0]*xs_ybl;
                hx1.lineTo(d_x, d_y);
                ++u;
        }
        _global.xs_ybl = xs_ybl;
        _global.xs_xbl = xs_xbl;
}
if (qxlx == 3) {
        hx1.clear();
        this.createEmptyMovieClip("hx1", 2);
        hx1.lineStyle(0, 0xFF0000, 100);
        hx1.moveTo(dd._x, dd._y);
        dw_k1 = "/kN";
        dw_k2 = "/s";
zzb_max = Math.round((jl_dat[1][8]+1)*1000)/1000;
        xs_ybl = 606/zzb_max;
        hzb_max = 915/(2*xs_ybl);
        if (jl_dat[2][jl_dat[1][7]-1][3]*2*xs_ybl>915) {
                hzb_max = Math.round((jl_dat[2][jl_dat[1][7]-1][3]+1)*1000)/1000;
                xs_ybl = 915/hzb_max/2;
```

```
                    zzb_max = 606/xs_ybl;
        }
        xs_xbl = 2*xs_ybl;
        var u:Number = 0;
        while (u<jl_dat[1][7]) {
                    var d_x:Number = dd._x+jl_dat[2][u][3]*xs_xbl;
                    var d_y:Number = dd._y-jl_dat[2][u][0]*xs_ybl;
                    hx1.lineTo(d_x, d_y);
                    ++u;
        }
        _global.xs_ybl = xs_ybl;
        _global.xs_xbl = xs_xbl;

}
if (qxlx == 4) {
        hx1.clear();
        this.createEmptyMovieClip("hx1", 2);
        hx1.lineStyle(0, 0xFF0000, 100);
        hx1.moveTo(dd._x, dd._y);
        dw_k1 = "/MPa";
        dw_k2 = "/%";
        zzb_max = Math.round((jl_dat[1][8]+1)*1000)/1000;
        hzb_max = Math.round((jl_dat[2][jl_dat[1][7]-1][2]+1)*1000)/1000;
        xs_ybl = 606/zzb_max;
        xs_xbl = 915/hzb_max;
        var u:Number = 0;
        while (u<jl_dat[1][7]) {
                    var d_x:Number = dd._x+jl_dat[2][u][2]*xs_xbl;
                    var d_y:Number = dd._y-jl_dat[2][u][0]*xs_ybl;
                    hx1.lineTo(d_x, d_y);
                    ++u;
        }
        zzb_max = zzb_max*1000/(Math.round(jl_dat[1][5]*10000)/10000);
        hzb_max = 100;
        _global.xs_ybl =606/zzb_max;
```

```
            _global.xs_xbl = 915/hzb_max;
    }
    zzb7 = zzb_max;
    zzb6 = zzb_max*5/6;
    zzb5 = zzb_max*4/6;
    zzb4 = zzb_max*3/6;
    zzb3 = zzb_max*2/6;
    zzb2 = zzb_max*1/6;
    hzb8 = hzb_max*8/9;
    hzb7 = hzb_max*7/9;
    hzb6 = hzb_max*6/9;
    hzb5 = hzb_max*5/9;
    hzb4 = hzb_max*4/9;
    hzb3 = hzb_max*3/9;
    hzb2 = hzb_max*2/9;
    hzb1 = hzb_max*1/9;
};
my_qxlx.addEventListener("change", qxListener);
```

附录 B　实验指导

B.1　机构及机构组成认知虚拟实验

B.1.1　实验目的

①通过观察典型机构的运动演示，建立对机器和机构的感性认识。

②了解常用机构的类型、基本特点及运动特征，形成直观的印象，为今后深入学习机械原理奠定基础。

③认识机构中运动副的类型、构件的形态，了解机器、机构的组成。

B.1.2　实验设备及工具

①各种机构虚拟模型。

②铅笔及草稿纸。

B.1.3　实验内容

机构及机构组成认知虚拟实验的内容是观察各种常用机构模型的动态展示。具体而言，在机器和机构动起来后，让学生观看典型机器的组成以及常用机构的结构、组成、运动特点。因为每个机构上都有相应的说明，所以可以采取教师简单介绍和学生自己观看相结合的方法。

B.1.4　思考题

①机械原理课程研究的对象和主要内容是什么？

②平面四杆机构有哪些类型？这些机构的运动副有什么特点？哪些四杆机构能由转动转换为移动？请举出实例进行说明。

③用于传递两平行轴、两相交轴、两交错轴的回转运动的齿轮机构有哪些？哪种齿轮机构能由转动转换为移动或者由移动转换为转动？请举出实例进行说明。

④写出自己的收获与建议。

B.2 机构运动简图测绘虚拟实验

B.2.1 实验目的

①熟悉机构运动简图的绘制方法，掌握根据实际机构测绘机构运动简图的技能。

②巩固机构结构分析原理及自由度计算方法。

③加深对平面四杆机构演化及曲柄存在条件验证的理解。

B.2.2 实验设备及工具

①测绘用各种机构虚拟模型。

②铅笔及草稿纸。

B.2.3 实验原理

B.2.3.1 机构运动简图的常用符号

①转动副符号如图B-1所示。

（a）构件全为活动构件时

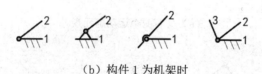

（b）构件 1 为机架时

图B-1 转动副符号

②移动副符号如图B-2所示。

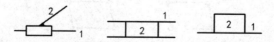

（a）构件全为活动构件时

图B-2 移动副符号

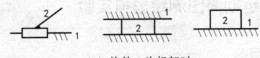

（b）构件 1 为机架时

图 B-2　移动副符号（续）

③高副符号如图B-3所示。

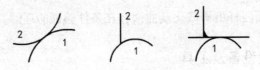

（a）构件全为活动构件时

（b）构件 1 为机架时

图B-3　高副符号

④构件图例如图B-4所示。

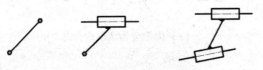

（a）具有两个运动副元素时

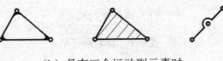

（b）具有三个运动副元素时

（c）具有四个运动副元素时

图B-4　构件图例

B.2.3.2 实验原理

机构各部分的运动是由其原动件的运动规律、各运动副的类型（高副、低副，转动副、移动副等）和机构的运动尺寸来决定的，与构件的外形、断面尺寸、组成构件的零件数目及固联方式等无关。因此，只要根据机构的运动尺寸，按照一定的比例尺确定各运动副的位置，就可以用运动副的代表符号和简单的线条绘制出机构的运动简图。

机构运动简图中各构件的尺寸、运动副的类型和相对位置，以及机构组成形式应与原机构保持一致，从而保证机构运动简图与原机构具有完全相同的运动特性，以便根据该图对机构进行运动及动力分析。

B.2.3.3 绘制机构运动简图的方法及步骤

（1）分析机构的构造和运动情况

观察机构运动情况，根据各构件之间有无相对运动，分析机构是由哪些构件组成的；按照机构运动的传递顺序，仔细观察各构件之间相对运动的性质，从而确定运动副的类型和数目。

（2）合理选择投影面和原动件位置，绘制机构示意图

选择恰当的投影面，一般选择与大多数构件的运动平面相平行的平面为视图平面；合理选择原动件的位置，以便简单、清楚、正确地将机构的运动情况表达出来；不考虑各构件的具体结构形状，找出每个构件上的所有运动副，用简单的线条连接该构件上的所有运动副元素来表示每一个构件，即用简单的线条和规定符号来代表构件和运动副，从而在所选投影面上绘制机构示意图。

（3）计算机构的自由度（F）并检验机构示意图是否正确

①机构自由度计算公式如下：

$$F=3n-2P_{\mathrm{L}}-P_{\mathrm{H}} \tag{B-1}$$

式中：n——机构活动构件数；

P_{H}——平面低副个数；

P_{L}——平面高副个数。

②核对计算结果

机构具有确定运动的条件：机构的自由度大于零且等于原动件数。因本实验中各机构模型均具有确定运动，故各机构的自由度应与其原动件数相同；否

则，说明机构示意图有误，需要重新对机构进行分析。

需要注意的是，转动副和移动副虽同为低副，但因其运动性质不同，在绘制机械示意图时一定不能将二者混淆。因此，应对所作图中各运动副类型与原机构进行逐一核对检查。

（4）量取运动尺寸

运动尺寸是指与机构运动有关的，能确定各运动副相对位置的尺寸。机构的运动尺寸应在原机构上量取，并标注在机构示意图上。

（5）绘制机构运动简图

机构运动简图的绘制方法是选取适当的长度比例尺（μ_l），根据机构示意图，按照一定的顺序进行绘图，并将比例尺标注在图上。

长度比例尺的计算方法为：

$$\mu_l = \frac{实际长度}{图示长度} \left(\frac{m}{mm} 或 \frac{mm}{mm} \right) \tag{B-2}$$

例如，某构件的长度 L_{AB}=1 m，绘在图上的长度 AB=1 000 mm，则长度比例尺为：

$$\mu_l = \frac{L_{AB}}{AB} = \frac{1}{1000} = 0.001 \frac{m}{mm} \tag{B-3}$$

（6）标注比例尺和运动尺寸，用斜线表示机架，用箭头表示原动件的运动方向。

B.2.4 实验内容

①根据上述原理选择2～3种机构进行机构运动简图测绘虚拟实验，说明机构的类型，并计算机构的自由度。

②任意选择一种机构验证曲柄存在的条件。

B.2.5 例题

绘制偏心轮机构的运动简图，并计算其自由度。

图B-5所示为偏心轮机构的模拟实体和运动简图。

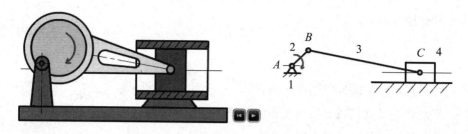

（a）机构模拟实体　　　　　　　（b）运动机构简图

1—机架；2—手柄；3—连杆；4—滑块

图B-5　偏心轮机构

①选择手柄作为原动件并缓慢转动，根据各构件之间有无相对运动，判断该机构是由哪些构件组成的。图B-5（a）中的机构由机架、手柄（即曲柄，本例中的原动件）、连杆、滑块（即从动件）组成。

②从原动件开始，按照机构运动的传递顺序，仔细观察各构件之间相对运动的性质，确定运动副的类型和数目。手柄为原动件，则运动传递顺序为手柄—连杆—滑块。回转件的回转中心是相对于回转表面的几何中心，而手柄可以绕机架的偏心轴A做相对转动，故连杆与手柄在B点处也组成转动副；连杆与滑块在C点处又组成转动副；滑块沿X-X方向在机架上做相对直线运动，组成移动副。

③合理选择原动件的位置，用规定的符号和简单的线条画出机构的示意图。

④计算机构自由度。

在本例中，$n=3$，$P_L=4$，$P_H=0$，代入机构自由度计算公式可得：

$$F = 3 \times 3 - 2 \times 4 - 0 = 1 \tag{B-4}$$

观察各构件的运动可知，该机构的运动是确定的，则机构的自由度应大于0且等于原动件数。在本例中，机构自由度为1，原动件数为1，因此所作机构示意图正确。

⑤量取运动尺寸

在手柄和连杆上分别量取两相临转动副中心之间的距离L_{AB}、L_{BC}；量取转动副A到滑块运动轨迹X-X之间的距离，并将所量尺寸标注在机构示意图上。

⑥作图（略）。

B.2.6 思考题

①机构运动简图应包括哪些内容？

②原动件及其位置对绘制机构运动简图有什么影响？

③在绘制机构运动简图时，应标注哪些尺寸？

B.3 平面四杆机构运动原理虚拟实验

B.3.1 实验目的

①掌握不同杆长条件所形成的机构类型及其运动规律。

②了解平面四杆机构中连杆及其附件位置的运动情况，以及其对运动轨迹研究的意义。

③了解各杆的运动规律及其运动线的意义。

④为平面四杆机构的设计奠定基础。

B.3.2 实验设备及工具

铅笔及草稿纸。

B.3.3 实验原理

平面四杆机构运动原理虚拟实验的原理已在6.3节进行了详细的介绍，此处不再赘述。

B.3.4 实验内容

①根据所学知识，验证平面四杆机构中曲柄存在的杆长条件。

②仔细观察各运动形式中连杆附件点的运动轨迹。若要求实现如图B-6所示形状的零件轮廓加工，考虑应如何设计平面四杆机构。

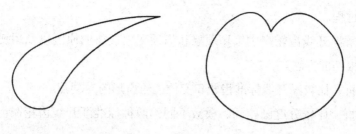

B-6　零件轮廓

③【选做】在主动件做匀速运动的情况下，若欲使连杆在一个循环周期内尽量做匀速运动，考虑应如何设计平面四杆机构。

B.3.5　实验方法及步骤

①进入实验，在界面左侧输入相应杆件长度及主动件速度等参数。

②点击"确认"按钮，界面左下方将显示该机构原动件当前的位移。

③点击"显示轨迹"按钮，主显示区的左下角将出现表示连杆附件位置的小图。点击图中任意点，将在主显示区按比例显示该点的运动轨迹。

④在"显示轨迹"按钮被激活后，会出现"数据输出"按钮。该功能仅适合在测试模式下使用，可以输出连杆附件点的位置坐标数据，以便其他软件应用。

⑤点击"查看运动线"按钮查看运动线图。图的右上角有拖动手柄，可分别拖动纵向和横向尺寸参考线，以便查看具体数值。拖动完毕释放鼠标时，数据会自动更新。

B.3.6　思考题

①列举平面四杆机构的应用实例。

②研究平面四杆机构的轨迹有什么实际意义？

③研究平面四杆机构的运动线有什么实际意义？

B.4　渐开线齿轮范成虚拟实验

B.4.1　实验目的

①掌握用范成法加工渐开线齿轮的基本原理，观察齿廓的渐开线及过渡曲

线的形成过程。

②了解渐开线齿轮产生根切现象和齿顶变尖现象的原因以及用变位修正法避免发生根切的方法。

③分析、比较渐开线标准齿轮和变位齿轮齿形的异同点。

④分析、比较分度圆相同、模数不同的两种标准渐开线齿轮在齿形方面的异同点。

B.4.2　实验设备及工具

①虚拟齿条刀具模型。

②铅笔及草稿纸。

B.4.3　实验原理

渐开线齿轮范成虚拟实验的原理已在第7章进行了详细介绍，此处不再赘述。

B.4.4　实验内容

①完成同一模数和齿数的标准、正变位和负变位渐开线齿廓的切制，并放大打印一个完整的齿形，比较这三种齿廓。

②完成至少两个分度圆直径相同但模数和齿数不同的标准渐开线齿廓的切制，并放大打印一个完整的齿形，比较它们的齿廓。

B.4.5　实验方法及步骤

①进入实验，在界面左侧输入需要切制的齿轮参数；点击模数项，可以选择标准模数。

②点击"确认"按钮，界面左下方将显示该齿轮的常用几何尺寸，并在正下方显示相对比例，若有需要请及时记录。

③点击"展成"按钮，界面的右下方将出现"自动完成"和"逐步运行"按钮。

④若需要对多个齿轮进行比较，需进入齿廓比较界面，输入相应设计参数，实现相应齿轮的齿廓范成。

⑤无论是在进行实验的过程中还是在齿廓比较的过程中，都可以通过点击鼠标左键，配合鼠标滚轮实现齿轮的平移和缩放，以便观察齿廓形状。点击"最佳显示"按钮，可以最佳比例状态显示齿轮。

B.4.6 思考题

①观察比较标准齿轮、正变位齿轮、负变位齿轮的齿形有何变化，并分析其原因。

②通过实验，说明根切产生的原因以及如何避免根切现象。

③本实验的标准齿轮和负变位齿轮有无根切现象？为什么？

B.4.7 实验报告

①填写表B-1。

表B-1 渐开线齿轮范成虚拟实验报告表

原始数据	项目	模数（m）	齿数（z）	齿顶高系数（h_a^*）	顶隙系数（c^*）	压力角（a）
	齿条刀					
	被加工齿轮					
被加工齿轮尺寸	项目	公式		计算结果		
				标准齿轮	正变位齿轮	负变位齿轮
	变位系数（x）					
	度圆直径（d）					
	齿顶圆直径（d_a）					
	齿根圆直径（d_f）					
	基圆直径（d_b）					
	齿条刀移距（$x \cdot m$）					
	分度圆齿厚（S）					
	齿全高（h）					
	齿顶高（h_a）					
	齿根高（h_f）					
	齿形变化特点					

②附上范成齿廓加工图。

③附上思考题答案。

B.5　机械加工误差统计分析虚拟实验

B.5.1　实验目的

①掌握绘制工件尺寸实际分布图的方法；能根据分布图分析加工误差的性质，计算工序能力系数、合格品率、废品率等；能提出工艺改进措施。

②掌握绘制$\bar{X}-R$点图的方法，能根据$\bar{X}-R$点图分析工艺过程的稳定性。

B.5.2　实验设备及工具

①各种机构虚拟模型，如机床、工件、千分尺等。

②铅笔及草稿纸。

B.5.3　实验原理和方法

利用机械加工误差的统计特性，对测量数据进行处理，绘制分布图和点图，并据此对机械加工误差的性质、工序能力及工艺稳定性等进行识别和判断，进而对机械加工误差做出综合分析。

B.5.3.1　直方图和分布曲线绘制

（1）初选分组数（k）

分组数一般应根据样本容量来选择，样本容量和分组数一般关系见第8章的表8-1。

（2）确定组距（d）

找出样本数据的最大值$X_{\max}$和最小值$X_{\min}$，二者之差为极差（R），然后按下式计算组距。

$$d = \frac{R}{k-1} = \frac{X_{\max} - X_{\min}}{k-1} \tag{B-5}$$

选取与计算的d值相近的且为测量值尾数整数倍的数值为组距。

（3）确定组界

各组组界为：

$$X_{\min} + (i-1)d \pm \frac{d}{2} \quad (i=1, 2, \cdots, k) \tag{B-6}$$

为避免样本数据落在组界上，组界最好选在样本数据最后一位尾数的 1/2处。

（4）统计各组频数

频数即落在各组组界范围内的样件个数。

（5）画直方图

以样本数据值（被测工件尺寸）为横坐标，标出各组组界；以各组频数为纵坐标，画出直方图。

（6）计算总体平均值与标准差

平均值（$\overline{X}$）的计算公式见第8章的式8-4。

标准差（S）的计算公式为：

$$S = \sqrt{\frac{1}{n-1}\sum_{i=1}^{n}(X_i - \overline{X})^2} \tag{B-7}$$

（7）画分布曲线

若研究的质量指标是尺寸误差，且工艺过程稳定，则误差分布曲线接近正态分布曲线；若研究的质量指标是形位误差或其他误差，则应根据实际情况确定其分布曲线。画出分布曲线，注意使分布曲线与直方图协调一致。

（8）画公差带

在横轴下方画出公差带，以便与分布曲线相比较，如图B-7所示。

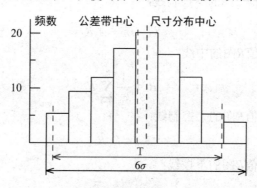

图B-7　公差带

B.5.3.2 $\overline{X} - R$图绘制

（1）确定样本容量，对样本进行分组

样组容量一般取2～10件，通常取4或5，即按4～5个一组对所加工的试件尺寸依次进行分组，将样本划分成若干个样组。

（2）计算各样组的平均值和极差

第i个样组的平均值和极差计算公式为：

$$\overline{X}_i = \frac{1}{m}\sum_{j=1}^{m} X_{ij}, \quad R_i = X_{i\max} - X_{i\min} \tag{B-8}$$

式中：X_i——第i个样组的平均值；

　　　R_i——第i个样组的标准差；

　　　X_{ij}——第i个样组第j个零件的测量值；

　　　$X_{i\max}$——第i个样组数据的最大值；

　　　$X_{i\min}$——第i个样组数据的最小值。

（3）计算$\overline{X} - R$图的控制线

计算样组平均值$\overline{x}$图的中线：

$$\overline{\overline{X}} = \frac{1}{k_m}\sum_{i=1}^{k_m} \overline{X}_i \tag{B-9}$$

计算样组平均值$\overline{x}$图的上控制线：

$$\overline{X}_U = \overline{\overline{X}} + A_2\overline{R} \tag{B-10}$$

计算样组平均值$\overline{x}$图的下控制线：

$$\overline{X}_L = \overline{\overline{X}} - A_2\overline{R} \tag{B-11}$$

计算样组极差值R图的中线：

$$\overline{R} = \frac{1}{k_m}\sum_{i=1}^{k_m} R_i \tag{B-12}$$

计算样组极差值R图的上控制线：

$$R_U = D_1\overline{R} \tag{B-13}$$

计算样组极差值R图的下控线：

$$R_L = D_2\overline{R} \tag{B-14}$$

式中：A、D——系数，可由第8章中的表8-3查得；

k_m——样组个数。

（4）绘制$\overline{X}$-R图

以样组序号为横坐标，分别以各样组的平均值$\overline{X}$和极差R为纵坐标，绘出$\overline{X}$-R图，并在图上标出中线和各控制线。

B.5.3.3 计算工序能力系数

工序能力系数C_p的计算公式见第8章的式8-7；工序能力等级见第8章的表8-2。

B.5.3.4 判断工艺过程的稳定性

从数理统计的原理来说，工艺过程的稳定性取决于一个过程（工序）质量参数的总体分布，若其平均值$\overline{X}$和均方根差σ在整个过程（工序）中能保持不变，则工艺过程就是稳定的。在点图上绘制出平均线和控制线后，可按表B-2判别是否存在异常波动。

表B-2　正常波动与异常波动标志

正常波动	异常波动
①没有点超出控制线； ②大部分点分布在平均线附近，小部分点分布在控制线附近； ③点的分布没有明显的规律性	①有点超出控制线； ②点集中在平均线附近； ③点集中在控制线附近； ④连续 7 点以上出现在平均线一侧； ⑤连续 11 点中有 10 点以上出现在平均线一侧； ⑥连续 14 点中有 12 点以上出现在平均线一侧； ⑦连续 17 点中有 14 点以上出现在平均线一侧； ⑧连续 20 点中有 16 点以上出现在平均线一侧； ⑨点的分布呈上升或下降趋势； ⑩点的分布呈周期性

注：只有同时满足3个左列的条件，才能判定工艺过程稳定；只要满足1个右列条件，即表示工艺过程不稳定。

B.5.4 实验步骤

①选择加工类型，记录并保存按加工顺序测量的试件数据或系统软件模拟生成的随机样本数据。

②绘制直方图、分布曲线图。

③分析计算产品工序能力序数及产品不合格品率。

④绘制 $\overline{X}-R$ 图。

⑤分析工艺过程的稳定性。

B.5.5 思考题

①分布图主要说明什么问题？在什么情况下分布曲线接近于正态曲线？在什么情况下分布曲线与正态曲线偏离较远？

②$\overline{X}-R$ 图主要说明什么问题？分布图与点图的关系如何？

③产生加工误差的主要因素有哪些？其中哪些是常值系统误差，哪些是变值系统误差，哪些是随机误差？如何从分布图及点图中加以判断？

B.6 金属材料拉伸试验

B.6.1 试验目的

①观察分析低碳钢和铸铁拉伸过程及试验现象。

②掌握材料力学性能测试的基本试验方法。

③测定低碳钢和铸铁在拉伸时的屈服极限（σ_s）、强度极限（σ_b）、延伸率（δ）和截面收缩率（ψ）等参数。

④掌握万能试验机的基本操作方法。

⑤认识典型塑性材料和脆性材料的力学性能特点和断裂特征。

B.6.2 试验设备及工具

①虚拟万能试验机。

②低碳钢拉伸试样和铸铁压缩试样。

③铅笔及草稿纸。

B.6.3 试验试样的确定

根据国家标准《金属材料 拉伸试验 第1部分：室温试验方法（GB/T 228.1—2010）》和《金属材料 室温压缩试验方法（GB/T 7314—2017）》，金属拉伸试样的形状可根据产品的品种、规格以及试验目的分为圆形截面试样、矩形截面试样、异形截面试样和不经机加工的全截面形状试样四种。其中，最常用的是圆形截面试样和矩形截面试样，如图B-8所示。圆形截面试样和矩形截面试样均由平行、过渡和夹持三部分组成，其中平行部分的试验段长度 l 称为试样的标距。按试样的标距 l 与横截面面积 A 之间的关系，可以将试样分为比例试样和定标距试样。圆形截面的比例试样通常取 $l = 10d$ 或 $l = 5d$，矩形截面的比例试样通常取 $l = 11.3\sqrt{A}$ 或 $l = 5.65\sqrt{A}$。其中，前者为长比例试样（简称"长试样"），后者为短比例试样（简称"短试样"）。定标距试样的 l 与 A 之间无上述比例关系。试样的过渡部分以圆弧与平行部分光滑地连接，以保证试样断裂时的断口在平行部分；夹持部分稍大，其形状和尺寸应根据试样大小、材料特性、试验目的以及万能试验机的夹具结构进行设计。

（a）圆形截面试样

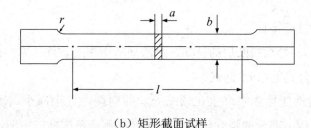

（b）矩形截面试样

图B-8　拉伸试样

B.6.4　试验原理与方法

B.6.4.1　测定低碳钢的弹性常数

试验时，先把试样安装在万能试验机上，再在试样的中部装上引伸计，并将指针调整到0，以测量试样中部长度 l_0（引伸计两刀刃间的距离）内的微小变形。

启动万能试验机，预加一定的初载荷（可取 4 kN），同时读取引伸计的初读数。

验证载荷与变形之间成正比关系的方法见9.3.4。

B.6.4.2 测定低碳钢拉伸时的强度和塑性性能指标

弹性模量测定完后，将载荷卸去，取下引伸计，调整好万能试验机的自动绘图装置，再次缓慢加载直至试样拉断，以测出低碳钢在拉伸时的力学性能。

（1）强度性能指标

低碳钢拉伸时的屈服应力（屈服点）σ_s和抗拉强度σ_b如图B-9所示，其计算公式见第9章的式9-2和式9-3。

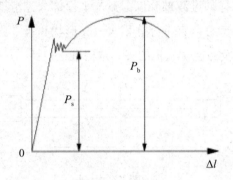

图B-9　低碳钢拉伸时的屈服应力（屈服点）σ_s和σ_b抗拉强度

（2）塑性性能指标

延伸率（δ）是指拉断后的试样标距部分所增加的长度与原始标距长度的百分比，其计算公式见第9章的式9-4。

试样的塑性变形集中产生在颈缩处，并向两边逐渐减小。因此，断口的位置不同，标距 l 部分的塑性延伸也不同。若断口在试样的中部，发生严重塑性变形的颈缩段全部在标距长度内，标距长度有较大的塑性延伸量；若断口距标距端很近，则发生严重塑性变形的颈缩段只有一部分在标距长度内，另一部分在标距长度外，标距长度的塑性延伸量就小。由此可见，断口的位置对所测得的延伸率有影响。为了避免这种影响，国家标准《金属材料 拉伸试验 第1部分：室温试验方法（GB/T 228.1—2010）》对l_1的测定做出了如下规定。

在试验前，将试样的标距分成十等分。若断口到邻近标距端的距离大于$l/3$，则可直接将标距两端点之间的距离作为l_1；若断口到邻近标距端的距离小于或等于$l/3$，则应采用移位法（亦称"补偿法"或"断口移中法"）测定。具体步骤为：在长段上从断口O点起，取长度基本上等于短段格数的一段，得到B点；再由B点起，取等于长段剩余格数（偶数）的一半得到C点（如图B-10（a）所示），或取剩余格数（奇数）减1与加1的一半分别得到C点与C_1点（如图B-10（b）所示）。移位后的l_1分别为$l_1=AO+OB+2BC$ 或 $l_1=AO+OB+BC+BC_1$。

测量时，两段应在断口处紧密对接，两段的轴线应尽量在一条直线上。若在断口处形成缝隙，则应将缝隙计入l_1。

如果断口在标距以外，或者断口虽在标距之内，但距标距端点的距离小于$2d$，则试验无效。

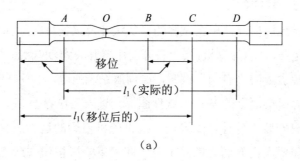

（a）

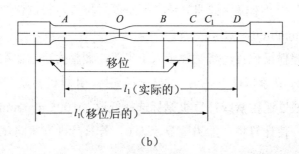

（b）

图 B-10 测量 l_1 的移位法

断面收缩率（ψ）是指拉断后的试样在断裂处的最小横截面面积的缩减量与原始横截面面积的百分比，其计算公式见第9章的式9-5。

B.6.4.3 测定灰铸铁拉伸时强度性能指标

在拉伸灰铸铁的过程中，灰铸铁试样在变形很小的情况下就会发生断裂。

此时，万能试验机试验力指示的最大载荷 F_b 除以原始横截面面积（A）所得的应力值（σ_b）即为灰铸铁的抗拉强度。

B.6.5 试验方法及步骤

B.6.5.1 测量试样的尺寸

①在标距的两端及中部三个位置上，沿两个相互垂直的方向，测量试样直径，分别计算各横截面的面积，并进行记录。

②将试样打上标距点，并刻上间隔为 10 mm 或 5 mm 的分格线。测量标距 l 的长度，并进行记录。

B.6.5.2 安装试样

①检查电源连接情况，根据试样的形状尺寸及试验目的选择合适的夹具。

②启动总电源，开启计算机，向上打开变压器开关到ON状态，电源指示灯亮。

③点击遥控盒上的"启动"按钮，给伺服系统通电。

④双击计算机桌面上的 WDW 软件图标，进入工作界面。

⑤如果没有安装引伸计，就要用万能试验机横梁的运动位移来表示试样的变形。此时，需要点击界面上的"上升"和"下降"按钮（或点击软件控制面板中的"上升"和"下降"按钮）适当调整横梁位置，将试样装入上夹头，将速度设置为 50 mm/min。

⑥适当调整横梁位置，将试样装入下夹头，调整力传感器和变形传感器的零点，清零位移，夹紧试样下夹头。试样一经夹持，计算机会显示微小的初载荷。如果需要，可通过遥控盒或计算机鼠标选择低速（0.005 mm/min）进一步微调中横梁的位置，使计算机上的力值显示为0。若只是进行粗略试验，则不需要调零，可直接进行试验。

⑦如果使用引伸计，则要根据引伸计的说明书，正确装夹引伸计；如果不用引伸计，需将试验力和变形显示面板中的"取引伸计"按钮按下。

B.6.5.3 输入试样信息

①将试样信息输入软件，完成后点击"确认"按钮回到试验主界面。

②确认拉压模式中选项选择为"拉伸"。

B.6.5.4　设置控制模式与试验速度

按照试样的性质等要求，选择适当的试验控制模式和速度，以取得正确的试验结果。

B.6.5.5　试验开始

①试样参数设置完成后，点击"开始"按钮，试验开始。在控制过程中，需密切关注试验的进程，必要时可进行人工干预。在试验控制过程中，最好不进行无关的操作，以免给控制造成影响。

②随着试验力的匀速缓慢加载，观察试样的屈服现象和颈缩现象，直至试样被拉断为止。

需要注意的是，如果使用引伸计，须正确安装引伸计。另外，为保护引伸计，必须在试样缩颈破坏前取下引伸计。在取下引伸计之前，必须按下变形显示板上的"去引伸计"按钮，否则取引伸计时的变形信号也会被记录下来，从而影响数据分析结果。

B.6.5.6　试验停止

①人工干预，按下"停止"按钮。

②当试验力或变形超过过载保护上限时，系统会判断试样断裂；试样被拉断后，试验力会突然消失，此时试验机会自动停机，系统会提示保存数据。

B.6.5.7　保存试验数据

单击页面左上方的按钮"保存数据"，将跳到数据保存或删除界面；保存当前试验数据，并将试验编号作为文件名称，以备查用。

B.6.5.8　试验分析及试验报告

①取下拉断后的试样，将断口吻合压紧，用游标卡尺量取断口处的最小直径和两标点之间的距离，并进行记录。

②单击"数据分析"按钮进入分析窗口，进行数据自动分析或人工分析，并进行相应的试验报告设置、打印等操作。

B.6.5.9　试验结束

点击右上角的关闭按钮，退出虚拟测控平台。

B.6.6 思考题

①低碳钢和灰铸铁在常温静载拉伸时的力学性能和破坏形式有何异同？

②测定材料的力学性能有何实用价值？

③你认为造成试验结果误差的因素有哪些？应如何避免或减小其影响？

B.7 金属材料压缩试验

B.7.1 试验目的

①认识典型脆性材料的力学性能特点和断裂特征。

②测定低碳钢压缩时的强度性能指标——屈服应力 σ_s。

③测定灰铸铁压缩时的强度性能指标——抗压强度 σ_{bc}。

④比较低碳钢与灰铸铁在压缩时的变形特点和破坏形式。

B.7.2 试验设备及工具

①虚拟万能试验机。

②低碳钢拉伸试样和灰铸铁压缩试样。

③铅笔及草稿纸。

B.7.3 试验试样

根据《金属材料 室温压缩试验方法（GB/T 7314—2017）》，金属压缩试样在形状上可以分为圆柱体试样、正方形柱体试样和板状试样三种。其中，最常用的是圆柱体试样和正方形柱体试样。根据试验的目的，对试样的标距 l 做如下规定：

$l = (1 \sim 2) d$ 的试样仅适用于测定 σ_{bc}；

$l = (2.5 \sim 3.5) d$（或 b）的试样适用于测定 σ_{pc}、σ_{sc} 和 σ_{bc}；

$l = (5 \sim 8) d$（或 b）的试样适用于测定 $\sigma_{pc0.01}$ 和 E_c。

其中 d（或 b）为 $10 \sim 20$ mm。

上述内容中的 d、b 分别指试样原始直径和试样原始宽度。

对试样的形状、尺寸和加工的技术要求参见相应的国家标准。

B.7.4 试验原理与方法

B.7.4.1 测定低碳钢压缩时的强度性能指标

在低碳钢压缩过程中，当应力小于屈服应力时，其变形情况与拉伸时基本相同；当达到屈服应力后，试样产生塑性变形；随着压力的持续增加，试样的横截面面积会不断变大直至被压扁。因此，只能测定其屈服载荷 F_s。其屈服应力为：

$$\sigma_s = \frac{F_s}{A} \tag{B-15}$$

式中：A——试样的原始横截面面积。

B.7.4.2 测定灰铸铁压缩时的强度性能指标

在灰铸铁压缩过程中，试样在发生很小的变形时就会被破坏，故只能测其破坏时的最大载荷 F_{bc}。其抗压强度为：

$$\sigma_{bc} = \frac{F_{bc}}{A} \tag{B-16}$$

B.7.5 试验操作与步骤

B.7.5.1 测量试样的尺寸

检查试样两端面的光洁度和平行度，并涂上润滑油。用游标卡尺在试样的上、中、下三处垂直交叉各测量一次，取其最小值作为计算直径，并进行记录。

B.7.5.2 安装试样

参考 B.6.5.2 中的操作，将压缩试样放置在压缩工作台的中央（一定要放在中心，否则偏心受压），调节中横梁的位置，在接近目的位置时采用微调使试验力稍大于 0 后再回调为 0，然后将位移调零。

B.7.5.3 输入试样信息

①将试样信息输入软件，完成后点击"确认"按钮回到试验主界面。
②确认拉压模式中选项选择为"压缩"。

B.7.5.4 设置控制模式与试验速度

按照试样性质等要求，选择适当的试验控制速度，约 0.1 mm/min，以取得正确的试验结果。

B.7.5.5 试验开始

①试样参数设置完成后，点击"开始"按钮，试验开始。在控制过程中，需密切关注试验的进程，必要时可进行人工干预。在试验控制过程中，最好不进行无关操作，以免给控制造成影响。

②随试验力的匀速缓慢加载，注意观察试样的变形情况。

B.7.5.6 试验停止

观察变形情况，当低碳钢明显变形为鼓状，灰铸铁出现裂痕或试验力开始急剧下降时，应点击"停止"按钮停止试验操作。另外，考虑到试验机的最大承载能力，当试验力达到 95 kN 时，应立即点击"停止"按钮停止试验。

B.7.5.7 保存试验数据

单击页面左上方的"保存数据"按钮，跳转到数据保存或删除界面，保存当前试验数据；保存时应以试验编号为文件名称，以备日后查用。

B.7.5.8 试验分析及试验报告

①取下拉断后的试样，将断口吻合压紧，用游标卡尺量取断口处的最小直径和两标点之间的距离，并进行记录。

②单击"数据分析"按钮进入分析窗口，进行数据的自动分析或人工分析，并进行相应的试验报告设置、打印等操作。

B.7.5.9 试验结束

点击右上角的关闭按钮，退出虚拟测控平台。

B.7.6 思考题

①测得的拉伸与压缩时的低碳钢和灰铸铁的相关数值有何差别？

②仔细观察灰铸铁的破坏形式并分析破坏原因。

附录 C　机械教学虚拟实验系统软件使用说明

C.1　软件安装与运行

本软件为绿色软件，对于运行环境要求不高，安装方便。将虚拟实验系统软件光盘放入光驱时会自动弹出运行提示，点击运行即可；也可直接在光盘中根目录下双击"机械教学虚拟实验.exe"文件运行。

若计算机系统为Windows7，建议通过同级目录"soft"文件夹中的"FlashPlayer.exe"文件打开"机械教学虚拟实验.swf"文件运行机械教学虚拟实验系统。

C.2　使用软件

进入系统首页后可点击帮助按钮"⊙"来获得指导，在实验中也可以点击相应的"⊙"按钮来获得更多的帮助。机械教学虚拟实验系统还有很多功能按钮，如图C-1所示。

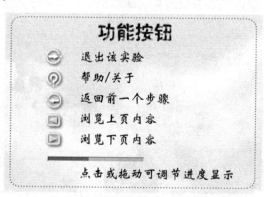

图 C-1　机械教学虚拟实验系统的功能按钮

注：软件中所有需要输入密码的地方全部输入"123"。

C.3　机构库的建设和管理

机械教学虚拟实验系统软件中部分虚拟实验使用的模型机构可以通过外

部资源导入。按机构库格式及要求准备好机构相关文件后，可根据使用习惯自行对机构相关文件进行分类，如按文件类型或者机构类型等分类。更新数据时不需要修改AS源代码，只需通过Windows操作系统自带的"记事本"功能或Internet Explorer浏览器打开相关XML文件按分类情况修改即可，这对于非专业程序人员来说是一个比较简单的方法。需要注意的是，修改过程中请勿改动文件夹及文件名。文件夹名称和实验的对应关系见表C-1。

表 C-1　文件夹名称和实验的对应关系

文件夹	实验名称	备注
jgrz	机构及机构组成认知虚拟实验	有机构库
jgydjt	机构运动简图测绘虚拟实验	有机构库
sgjg	平面四杆机构运动原理虚拟实验	—
clfc	渐开线齿轮范成虚拟实验	—
wctjfx	机械加工误差统计分析虚拟实验	—

C.4　卸载软件

卸载机械教学虚拟实验系统时直接删除整个目录文件夹即可。

后　记

本书系云南省地方高校联合专项-面上项目（项目编号：202001BA070001-015）和云南省教育厅科学研究基金重点项目（项目编号：2014Z156）的研究成果。

本书所研究的机械教学虚拟实验系统包括机构及机构组成认知虚拟实验系统、机构运动简图测绘虚拟实验系统、平面四杆机构运动原理虚拟实验系统、渐开线齿轮范成虚拟实验系统、机械加工误差统计分析实验系统、金属材料拉压试验虚拟测控平台，体现了虚拟实验优于传统实验的特点。

第一，本书所研究的机械教学虚拟实验系统将虚拟仿真技术引入了地方高校的机械实验教学，克服了传统实验的不足，能够作为传统实验教学的有力补充。由于实验条件限制，部分虚拟实验（如机械加工误差统计分析虚拟实验）已经完全替代了传统实验，不仅降低了实验成本，而且使学生的实验兴趣得到了增强，取得了较好的教学效果。

第二，本书所研究的机械教学虚拟实验系统的开发结合了现代教育技术，将网络主流脚本编程技术应用到机械虚拟实验教学中。一般的虚拟实验系统多采用较为复杂且庞大的技术软件，导致开发出的系统难以脱离母体软件，即便脱离软件也具有体积较大、对运行环境要求高的缺点。但是，基于AS技术的机械教学虚拟实验系统具有体积小、质量高、运行速度快等特点，可将软件置于网页中，通过网络进行发布。用户只需打开浏览器就能使用，具有较强的可移植性，非常适用于在线教学以及构建网络虚拟实验室。

第三，本书所研究的机械教学虚拟实验系统与各种多媒体格式的外部文件相结合，实现了对虚拟模型机构库的扩充和更新等后台管理。本书所研究的机械教学虚拟实验系统是一个实验操作平台，机构库被作为操作内容调入，用户可以通过合适的方式收集或制作相关资源，而且更新数据时不需要修改AS源代码，对于非专业程序人员来说使用较为简单。

第四，本书所研究的机械教学虚拟实验系统的开发难度不大，能够增强学生开发和设计虚拟实验的兴趣，提高学生的多学科综合应用能力。这一点在近几年的毕业论文（设计）中已有所体现。

近年来，基于AS技术的虚拟实验在机械教学中的应用研究在取得了一些成绩的同时，也出现了更多深层次的问题。笔者希望相关工作人员在后续的研究和学习过程中，能够不断地主动学习最新研究成果，积极进行思考和创新，认真寻找有效的解决办法和研究策略，持续攻克新的难关，从而促进教师教育观念的转变、专业能力的发展、教学水平的提高，以及学生整体素质的提升。